工业和信息化部"十四五"规划教材
高等职业院校"互联网+"系列精品教材

5G 基站运行与维护

主　编　江　敏　代才莉
副主编　陈文婷　朱猷梅　刘鹤群
主　审　陶亚雄

电子工业出版社
Publishing House of Electronics Industry
北京·BEIJING

内 容 简 介

本书是根据教育部最新的职业教育专业课程改革要求，在已取得多项课程改革成果的基础上，与行业骨干企业合作编写的，主要介绍 5G 基站的运行和维护等知识与技能。本书分为 6 个项目，项目 1、项目 2 介绍 5G 基础知识和基本原理，项目 3 介绍 5G 系统硬件安装与调试，项目 4 介绍 5G 基站的数据配置与调试，项目 5 介绍 5G 基站系统故障处理，项目 6 介绍 5G 基站系统日常维护。通过本书，读者可较快地掌握 5G 基站设备的开局、维护、故障处理等技能。

本书可作为高等职业院校通信专业相应课程的教材，也可作为开放大学、成人教育、自学考试的教材，还可作为工程技术人员的参考书。

本书配有微课视频、教学课件、思考与练习题参考答案等资源，详见前言。

未经许可，不得以任何方式复制或抄袭本书之部分或全部内容。
版权所有，侵权必究。

图书在版编目（CIP）数据

5G 基站运行与维护 / 江敏，代才莉主编. —北京：电子工业出版社，2023.8
高等职业院校"互联网+"系列精品教材
ISBN 978-7-121-46196-5

Ⅰ.①5… Ⅱ.①江…②代… Ⅲ.①第五代移动通信系统—高等职业教育—教材 Ⅳ.①TN929.53

中国国家版本馆 CIP 数据核字（2023）第 158349 号

责任编辑：陈健德（E-mail：chenjd@phei.com.cn）
印　　刷：天津画中画印刷有限公司
装　　订：天津画中画印刷有限公司
出版发行：电子工业出版社
　　　　　北京市海淀区万寿路 173 信箱　　邮编：100036
开　　本：787×1 092　1/16　印张：11　字数：296 千字
版　　次：2023 年 8 月第 1 版
印　　次：2023 年 8 月第 1 次印刷
定　　价：52.00 元

凡所购买电子工业出版社图书有缺损问题，请向购买书店调换。若书店售缺，请与本社发行部联系，联系及邮购电话：(010) 88254888，88258888。

质量投诉请发邮件至 zlts@phei.com.cn，盗版侵权举报请发邮件至 dbqq@phei.com.cn。
本书咨询联系方式：chenjd@phei.com.cn。

前言

近年来，我国通信行业得到快速发展。2019 年 6 月，工业和信息化部发放第五代移动通信商用牌照，标志着我国正式进入 5G 时代。各大运营商大力建设 5G 网络，从而使通信行业对 5G 人才的需求量急剧增加。在建网初期，需求量最大的是 5G 工程施工、开局、运行、维护等应用型人才，为此许多高等职业院校设立了相应的专业或课程。我们在对通信行业企业及 5G 运行维护一线技术人员进行调研的基础上，根据教育部最新的职业教育专业课程改革要求，结合已取得的多项课程改革成果编写了本书。

本书是根据高等职业教育的教学特点，参考华为 1+X 证书 "5G 移动通信网络部署与运维职业技能等级标准"，结合通信厂家的工程案例，融入多名一线教师的教学经验编写而成的，内容新颖实用、易教易学。其中的实训设备、实训数据、实训步骤等均来自通信行业企业的真实案例，使读者在学习后能较快地掌握通信行业企业的岗位技能要求。

我们根据调研归纳总结出了 "5G 基站系统运行维护" 这一典型岗位的主要工作包括：

（1）对移动通信基站系统进行硬件机框与单板配置，调试设备；

（2）对移动通信基站系统进行后台数据配置；

（3）基站系统后台管理，如告警管理、设备管理等；

（4）常见设备维护，如例行维护，包括定期检查各种设备的工作状态，管理机房的电源，处理和上报设备故障，跟踪与处理机房告警，定期检查电缆老化情况，检查电源接地情况，检测防雷防静电设备，并记录；

（5）紧急故障处理，包括对运营中常见故障的排查和综合故障的处理。

本书依据以上典型工作任务设计知识架构，对 5G 基站的运行和维护进行详细的介绍。本书内容共分为 6 个项目。项目 1、项目 2 介绍 5G 基础知识和基本原理，包括移动通信的发展，5G 的技术特征、应用场景、物理层、关键技术和网络架构。项目 3 介绍 5G 系统硬件安装与调试，包括 5G 基站系统、安装准备与安全交底、基站设备的安装和连线，5G 基站硬件调试。项目 4 介绍 5G 基站的数据配置与调试，包括熟悉网管指令、前后台维护通道建立、基本参数配置、设备参数配置、传输参数配置、无线参数配置常用命令、5G 基站业务调试，以真实设备的配置脚本为例，通过数据的配置和调试使 5G 基站正常工作。项目 5 介绍 5G 基站系统故障处理，包括掌握 5G 故障处理方法、开局过程中常见故障分析及处理，介绍了故障处理的一般过程和方法，锻炼读者综合故障的分析和解决能力。项目 6 介绍 5G 基站系统日常维护，包括日常维护管理、例行维护，集中讲解基站后台管理、例行维护和日常操作维护内容，可使读者具备 5G 基站维护的技能。

本书由重庆电子工程职业学院的江敏、代才莉担任主编，由陈文婷、朱猷梅、刘鹤群担任副主编。其中，代才莉和刘鹤群编写项目 1 和项目 2，江敏编写项目 3 和项目 4，陈文婷编写项目 5，朱猷梅编写项目 6，最后由江敏、李章勇、刘飞负责统稿，陶亚雄主审。

5G 基站运行与维护

随着网络的发展，5G 基站还将进行更多的升级和演进，教学内容还需进一步补充和修正。由于编者水平有限，书中疏漏之处在所难免，恳请读者批评指正。

本书通过二维码提供了微课视频、教学课件等立体化多媒体教学资源，扫描二维码即可阅览或下载相应资源，可以帮助教师开展信息化教学，提高教学质量与效果。除此之外，本书提供的教学课件、思考与练习题参考答案等资源，可登录华信教育资源网（http://www.hxedu.com.cn）免费注册后下载。如有问题请在网站留言或与电子工业出版社联系（E-mail:hxedu@phei.com.cn）。

编者

目 录

项目 1 学习 5G 基础 1
  任务 1.1 了解移动通信的发展 2
    1.1.1 第一代移动通信系统 3
    1.1.2 第二代移动通信系统 3
    1.1.3 第三代移动通信系统 3
    1.1.4 第四代移动通信系统 4
    1.1.5 第五代移动通信系统 4
  思考与练习题 1 5
  反思 1 5
  任务 1.2 掌握 5G 的技术特征 5
    1.2.1 高速率 5
    1.2.2 海量连接 6
    1.2.3 低时延 7
    1.2.4 低功耗、高能效 8
  思考与练习题 2 9
  反思 2 9
  任务 1.3 熟知 5G 三大应用场景 9
    1.3.1 eMBB 9
    1.3.2 mMTC 10
    1.3.3 uRLLC 10
  思考与练习题 3 10
  反思 3 11

项目 2 熟知 5G 基本原理 12
  任务 2.1 理解 5G 的物理层 13
    2.1.1 多址技术 13
    2.1.2 帧结构 17
    2.1.3 频率资源 20
    2.1.4 信道与信号 23
    2.1.5 物理层过程 30
  思考与练习题 4 33
  反思 4 34
  任务 2.2 了解 5G 关键技术 34
    2.2.1 Massive MIMO 与毫米波技术 ... 34
    2.2.2 SDN/NFV 和网络切片 36
    2.2.3 MEC 和 UDN 技术 40
    2.2.4 上下行解耦与 BWP 技术 42
    2.2.5 5G 编码技术 46

  思考与练习题 5 48
  反思 5 48
  任务 2.3 掌握 5G 的网络架构与协议 ... 48
    2.3.1 5G 的网络架构 48
    2.3.2 5G 基站的基本部署 50
    2.3.3 5G 接口与协议 51
  思考与练习题 6 54
  反思 6 54

项目 3 5G 系统硬件安装与调试 ... 55
  任务 3.1 初识 5G 基站系统 56
    3.1.1 从 4G 基站系统到 5G 基站
         系统 56
    3.1.2 5G 基站的功能 57
    3.1.3 5G 基站设备 58
  思考与练习题 7 63
  反思 7 64
  任务 3.2 安装准备与安全交底 64
    3.2.1 开箱验货步骤 64
    3.2.2 安全交底具体内容 65
  思考与练习题 8 67
  反思 8 68
  任务 3.3 基站设备的安装和连线 68
    3.3.1 主要线缆的认识 68
    3.3.2 BBU 安装和连线步骤 69
    3.3.3 AAU 安装和连线步骤 70
  思考与练习题 9 71
  反思 9 72
  实训 1 安装机房设备 BBU 72
  思考与练习题 10 74
  反思 10 74
  实训 2 安装天面设备 AAU 74
  思考与练习题 11 76
  反思 11 77
  任务 3.4 5G 基站硬件调试 77
  思考与练习题 12 79
  反思 12 80

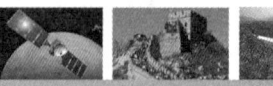

  实训 3 设备上电与硬件测试......80
  思考与练习题 13......81
  反思 13......82

项目 4 5G 基站的数据配置与调试......83
  任务 4.1 熟悉 MML 命令......84
  实训 4 常见 MML 命令操作......86
  思考与练习题 14......89
  反思 14......89
  任务 4.2 LMT 与远端维护通道建立......89
    4.2.1 LMT 的概念......89
    4.2.2 主要命令......90
  实训 5 远端维护通道开启、关闭......90
  思考与练习题 15......92
  反思 15......92
  任务 4.3 基本参数配置流程及命令......92
    4.3.1 配置流程......92
    4.3.2 常用命令......93
  实训 6 基本参数配置......94
  思考与练习题 16......96
  反思 16......97
  任务 4.4 设备参数配置命令......97
    4.4.1 配置 BBU 机柜、机框和单板......97
    4.4.2 配置射频单元......98
    4.4.3 配置时钟数据......98
  实训 7 配置设备参数......99
  思考与练习题 17......105
  反思 17......105
  任务 4.5 传输参数配置命令......106
    4.5.1 物理层数据......106
    4.5.2 链路层数据......106
    4.5.3 传输层数据......106
    4.5.4 接口数据......109
  实训 8 配置传输参数......109
  思考与练习题 18......117
  反思 18......118
  任务 4.6 无线参数配置常用命令......118
  实训 9 配置无线参数......120
  思考与练习题 19......125
  反思 19......126
  任务 4.7 5G 基站业务调试策略及命令......126
    4.7.1 调测方式及选择策略......126
    4.7.2 常用的调试命令......127
  实训 10 5G 基站业务调试......130
  思考与练习题 20......131
  反思 20......131

项目 5 5G 基站系统故障处理......132
  任务 5.1 掌握 5G 故障处理方法......133
    5.1.1 故障处理的一般过程......133
    5.1.2 故障分析与定位的常用方法......134
  思考与练习题 21......135
  反思 21......135
  任务 5.2 开局过程中常见故障分析及处理......136
    5.2.1 常见的告警处理......136
    5.2.2 分类故障处理......139
  思考与练习题 22......147
  反思 22......148
  实训 11 开局综合故障处理......148
  思考与练习题 23......149
  反思 23......150

项目 6 5G 基站系统日常维护......151
  任务 6.1 日常维护管理......152
    6.1.1 告警管理......152
    6.1.2 设备管理......154
  思考与练习题 24......156
  反思 24......156
  任务 6.2 例行维护......156
    6.2.1 例行维护的目的......157
    6.2.2 例行维护的部位......157
    6.2.3 例行维护的分类......157
    6.2.4 例行维护的常用方法......158
    6.2.5 例行维护的注意事项......159
    6.2.6 例行维护的工具......159
  思考与练习题 25......160
  反思 25......160
  实训 12 华为 BS5900 基站的例行维护......160
  思考与练习题 26......163
  反思 26......163

附录 A 缩略词......164

附录 B 实验室设备连接图......168

附录 C 网络规划参数......169

参考文献......170

项目 1

学习 5G 基础

项目内容：本项目旨在让读者了解移动通信的发展，对 5G 的技术指标和应用有初步的了解和认识，通过对比 1G、2G、3G、4G、5G，能够简述移动通信发展的变化，激发读者的学习兴趣。

📖 知识目标

了解移动通信的发展历程。
了解 5G 的相关标准。
掌握 5G 的基础特征。
掌握 5G 的三大应用场景。

📖 能力目标

能够简述移动通信发展史和 5G 的显著特征。

📖 素质目标

锻炼学生的逻辑思考能力、对比分析能力、创新思维。

思维导图

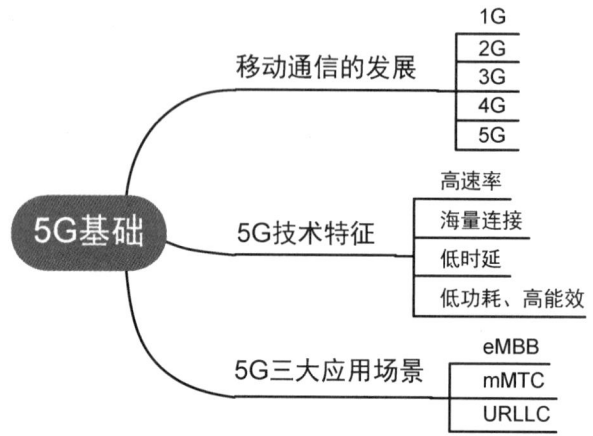

寄语读者

"大国利器,5G 新时代,新机遇",学好 5G 移动通信知识,探索 5G 的应用业务,增进民生福祉,这是我们通信人当今时代应有的担当和不懈追求。

任务 1.1 了解移动通信的发展

扫一扫看教学课件:移动通信的发展

移动通信可以说从无线电发明之日就产生了。1897 年,马可尼所完成的无线通信实验就是在固定站与一艘拖船之间进行的。而蜂窝移动通信的发展是在 20 世纪 70 年代中期以后开始的。移动通信综合利用了有线、无线的传输方式,为人们提供了一种快速便捷的通信手段。电子技术,尤其是半导体、集成电路及计算机技术的发展,以及市场的推动,使物美价廉、轻便可靠、性能优越的移动通信设备的普及成为可能。伴随着人们对移动通信发展的需求,移动通信发展至今,主要经历了 1G、2G、3G、4G、5G 的过程,如图 1-1 所示。

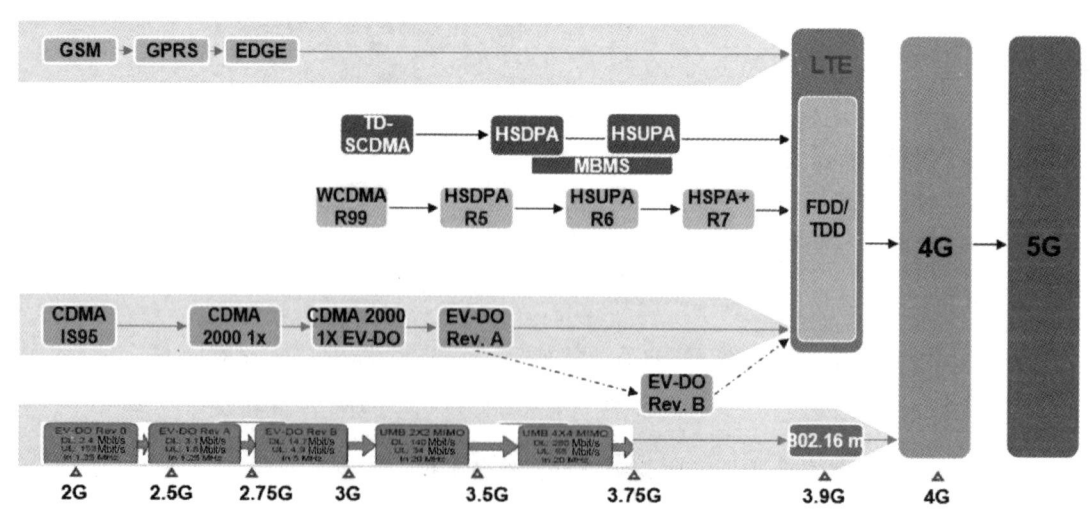

图 1-1 移动通信发展史

1.1.1 第一代移动通信系统

第一代移动通信（1G）系统的典型代表是美国的 AMPS 和英国的 TACS。AMPS（高级移动电话系统）是使用 800MHz 频带的模拟蜂窝移动通信系统，在北美洲和部分环太平洋国家广泛使用。TACS（全接入通信系统）是 20 世纪 80 年代欧洲广泛使用的模拟蜂窝移动通信系统，也是我国 20 世纪 80 年代采用的模拟移动通信系统，使用的是 900MHz 频带。

第一代移动通信系统属于模拟系统，以 FDMA 技术为基础，只支持模拟话音业务。模拟移动通信的缺点主要体现在以下几个方面：

（1）业务单一，模拟移动通信的通话质量较差，只能实现话音业务，无法提供丰富多彩的增值业务。

（2）覆盖范围与容量受限，模拟移动通信的网络覆盖范围小，且漫游功能差，不支持跨省漫游。

（3）模拟移动电话体积大、沉重、样式陈旧、价格昂贵。

（4）保密性差，模拟移动电话没有手机卡，由此带来的后果就是电话容易被窃听。

（5）各系统间没有公共接口，频谱利用率太低。

1.1.2 第二代移动通信系统

第二代移动通信（2G）系统是以传送语音和数据为主的数字系统，典型的系统有欧洲的 GSM（采用 TDMA 方式），北美的 DAMPS、IS-95 CDMA 和日本的 JDC 等。第二代移动通信系统除提供数字语音通信服务外，还可提供低速数据服务和短消息服务；在 20 世纪 90 年代初期投入商用，主要采用时分多址技术和码分多址技术。第二代移动通信系统引入了均衡、交织、Rake 接收和功率控制等新技术。GSM 用其各种鉴权机制成功地弥补了第一代移动通信系统的保密性差、容易被窃听这个缺点。GSM 采用了统一的标准，让用户的漫游和 PSTN 等网络的互联互通成为可能。GSM 的短信、GPRS 上网等多种业务的发展使得业务的多样性成为可能。虽然和"大哥大"时代比，GSM 的漫游能力还不错，但是它并未实现真正的全球漫游。GSM 的系统容量比第一代移动通信系统提高了 3~5 倍，但是这远远不能满足需要。用户量在急剧增长，要求系统的容量也有相应提升。

1.1.3 第三代移动通信系统

第三代移动通信（3G）系统，国际电信联盟称其为 IMT-2000（International Mobile Telecommunications-2000），欧洲的电信业巨头则称其为 UMTS（通用移动通信系统）。它能够将语音通信和多媒体通信相结合，其可能的增值服务包括图像、音乐、网页浏览、视频会议及其他一些信息服务。

3G 意味着全球适用的标准、新型业务、更大的覆盖面及更多的频谱资源，以支持更多用户。3G 的无线传输技术（RTT）有以下需求：

（1）高速率传输：传输速率不小于 144kbit/s（高速运动），传输速率不小于 384kbit/s（步行运动），传输速率不小于 2Mbit/s（室内静止）。

（2）根据带宽需求实现可变速率的信息传输。

（3）一个连接中可以同时支持有不同 QoS 要求的业务。

（4）满足不同业务的延时要求（从有实时要求的语音业务到数据业务）。

3G 标准主要包括 WCDMA、CDMA2000、TD-SCDMA 三种。

其中，WCDMA 最早由欧洲各国和日本提出，其核心网基于演进的 GSM/GPRS 网络技术，空中接口则采用直接序列扩频的宽带 CDMA 技术。2001 年 3 月，WCDMA 的第一个 R4 版本初步确定了发展的框架，部分功能进一步增强，并启动部分全 IP 演进内容。R5 为全 IP 方式的第一个版本，其核心网的传输、控制与业务分离。IP 化将从核心网（CN）逐步延伸到无线接入网（RAN）和终端（UE）。

CDMA2000 最早由北美洲国家提出，其核心网采用演进的 IS-95 CDMA 核心网（ANSI-41）。CDMA 技术得到 IS-95 CDMA 运营商的支持，主要分布在北美和亚太地区。其无线单载波 CDMA2000 1x 采用与 IS-95 相同的带宽，容量提高了一倍，第一阶段支持 144kbit/s 传输速率，第二阶段支持 614kbit/s 传输速率。增强型单载波 CDMA2000 1x EV 在技术发展中较受重视。

TD-SCDMA 技术是我国提出的。在 IMT-2000 中，TDD 技术拥有自己独立的频谱（1785MHz～1805MHz），并部分采用了智能天线或上行同步技术，适合高密度低速接入、小范围覆盖、不对称数据传输。2001 年 3 月，3GPP 通过 R4 版本，我国大唐电信提出的 TD-SCDMA 被接纳为正式标准。我国提出的 TD-SCDMA 标准在技术上有着巨大的优势，这些优势简单说就是，第一，TD-SCDMA 有很高的频谱利用率。因为我国的标准是一种时分双工（TDD）的移动通信系统，只用一段频率就可完成通信的收信和发信，而 WCDMA 和 CDMA2000 采用的都是频分双工（FDD）的移动通信系统，需要两段不同的频率才能完成通信的收信和发信。第二，TD-SCDMA 采用了世界领先的智能天线技术。基站天线可以自动追踪用户手机的方向，通信效率更高，干扰更少，设备成本更低。

1.1.4 第四代移动通信系统

第四代移动通信（4G）系统是从第三代移动通信系统发展而来的，3G 到 3.9G 的发展过程，是从低速语音业务到高速多媒体业务发展的过程。2009 年 3 月，R8 LTE 标准完成，此标准能够满足 LTE 系统首次商用的基本功能要求。第四代移动通信（4G）技术，以 OFDM（正交频分复用）与 MIMO（多输入多输出）为核心，广泛采用自适应调制编码（AMC）和混合自动重传请求（HARQ）等技术。

LTE 系统中，下行链路的瞬时峰值数据传输速率在下行链路分配的带宽为 20MHz 条件下，可以达到 100Mbit/s（网络侧 2 发射天线，UE 侧 2 接收天线条件下）；上行链路的瞬时峰值数据传输速率在上行链路分配的带宽为 20MHz 条件下，可以达到 50Mbit/s（UE 侧 1 发射天线情况下）。控制面容量：在分配的带宽是 5MHz 的情况下，期望每小区至少支持 200 个激活状态的用户。在分配的带宽更大的情况下，期望每小区至少支持 400 个激活状态的用户。E-UTRAN 能为低速移动（0～15km/h）的用户提供最优的网络性能，能为 15km/h～120km/h 速度移动的用户提供高性能的服务，对 120km/h～350km/h（甚至在某些频段下，可以达到 500km/h）速度移动的用户能够保持蜂窝网络的移动性。超过 250km/h 的移动速度是一种特殊情况（如高速列车）。

1.1.5 第五代移动通信系统

第五代移动通信（5G）系统，具有高速率、低时延和海量连接的特点，是实现人机物互联的网络基础设施。5G 将渗透到未来社会的各个领域，是以用户为中心构建的全方位的信息生态系统。5G 使信息突破时间和空间的限制，提供极佳的人机物之间的交互体验，用户通过

项目 1　学习 5G 基础

5G 可以有身临其境的多重体验；通过无缝融合的方式，5G 将拉近人机物的距离，使人与万物的智能互联更加便捷。5G 为用户提供高接入速率（如光纤接入般），超低时延的使用体验，千亿设备的连接能力，超高流量密度、超高连接密度和超高移动性等多场景的服务，5G 业务及用户感知相对 4G 得到很大程度的优化，同时将为移动网络带来超百倍的能效提升和较大的成本降低。

国际电信联盟（ITU）定义了 5G 的三大类应用场景，即增强型移动宽带（eMBB）、超可靠低时延通信（uRLLC）和大规模机器类通信（mMTC）。增强型移动宽带（eMBB）主要针对移动互联网流量爆炸式增长的现状，为移动互联网用户提供更加极致的应用体验；超可靠低时延通信（uRLLC）主要满足工业控制、远程医疗、自动驾驶等对时延和可靠性具有极高要求的垂直行业应用需求；大规模机器类通信（mMTC）主要满足智慧城市、智能家居、环境监测等以传感和数据采集为目标的应用需求。

思考与练习题 1

1．AMPS（高级移动电话系统）采用（　　）MHz 频带的模拟蜂窝移动通信系统。
2．（　　）（全接入通信系统）是 20 世纪 80 年代欧洲广泛使用的模拟蜂窝移动通信系统。
3．第二代移动通信系统是以传送（　　）和（　　）为主的数字系统。
4．第三代移动通信系统，国际电信联盟称其为（　　）。
5．（　　）最早由欧洲各国和日本提出，其核心网基于演进的 GSM/GPRS 网络技术，空中接口则采用直接序列扩频的宽带 CDMA 技术。
6．第四代移动通信系统下行链路的瞬时峰值数据传输速率在分配的带宽为 20MHz 的条件下，可以达到（　　）Mbit/s。
7．国际电信联盟定义了 5G 的三大类应用场景，即增强移动宽带（　　）、超可靠低时延通信（　　）和大规模机器类通信（　　）。

扫一扫看思考与练习题 1 答案

反思 1

通过学习本任务，反思不足的地方：

任务 1.2　掌握 5G 的技术特征

扫一扫看教学课件：5G 的技术特征

1.2.1　高速率

5G 网络的峰值数据传输速率（简称峰值速率）可以达到 10Gbit/s+，超高清视频下载仅用几秒钟的时间。5G 网络的用户体验速率从 100Mbit/s 到 1Gbit/s+，而 4G 网络只能达到十几到几十 Mbit/s，3G 网络为几 Mbit/s，2G 网络仅有几十 kbit/s。只有提升用户体验速率，才能够实现高清视频的流畅观看，5G 网络播放 4K 以上的视频，比 4G 网络快 10 倍以上。如图 1-2 所示，5G 网络也为虚拟现实（VR）技术和增强现实（AR）技术的实现提供了便利，通过专门的 VR 设备产生一个逼真的三维视觉、听觉、触觉等多种感官体验的虚拟世界，从而使处于虚拟世界的人产生一种身临其境的感觉。

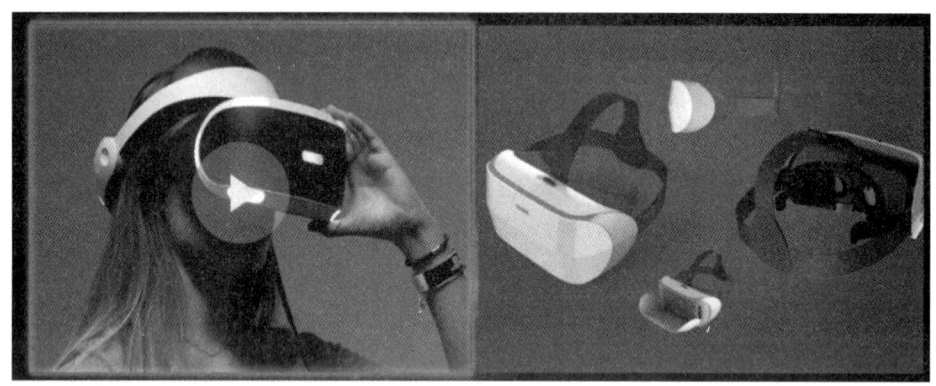

图 1-2　VR 体验

利用 5G 网络的高速率特性，可以做到实时采集，实时发布图像。高速率的 5G 网络结合云技术，可为工作、生活和娱乐增添色彩，例如 3D 视频，4K 甚至 8K 视频流的实时播放。

1.2.2　海量连接

海量连接：5G 网络每平方千米支持 100 万个终端接入，强大的接入能力提供了万物互联的应用基础。5G 的海量连接可以支持物联网、智慧城市、智慧家居、智慧电网、智能放牧种植、物流实时追踪等应用。

如图 1-3 所示，智能垃圾箱和物联网井盖都是物联网应用之一。其中智能垃圾箱让当地垃圾公司知道什么时候需要清空。

 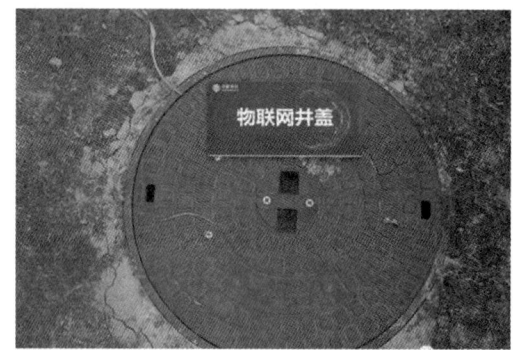

图 1-3　智能垃圾箱和物联网井盖

功耗问题是物联网发展面临的核心技术问题。物联网的节点太多，而且受到很多条件的限制，终端没有办法充电，只能寄希望于终端自身能够节省电能。为了解决这个问题，窄带物联网（NB-IoT）技术主要通过限定终端的速率（物联网终端对通信的实时性要求一般不高），降低使用带宽，降低终端发射功率，降低天线复杂度（采用 SISO 技术），优化物理层技术（采用 HARQ 技术，降低盲编码尝试），以及半双工等方法降低终端的耗电量。而 5G 在这个基础上走得更远，通过降低信令开销使终端更加省电，使用非正交多址接入（NOMA）技术以支持更多的终端接入，利用超密集组网结构细化终端驻留的小区，能够实现在宏站覆盖范围内提供更多的超微小区。

1.2.3 低时延

5G 网络通过对帧结构的优化设计，将每个子帧在时域上进行缩短，从而在物理层上进行时延的优化，使时延降到更低。目前 5G 网络的空口时延降低到 1ms，而 4G 是 10ms，端到端时延降到 10ms，而 4G 是 50ms。低时延的特性让远程医疗手术、智能驾驶、车联网自动驾驶、工业控制等业务能够实现。

如图 1-4 所示，通过 5G 网络传输的 VR 图像仅有毫秒级的延迟，医生可以在千里之外为患者做手术。

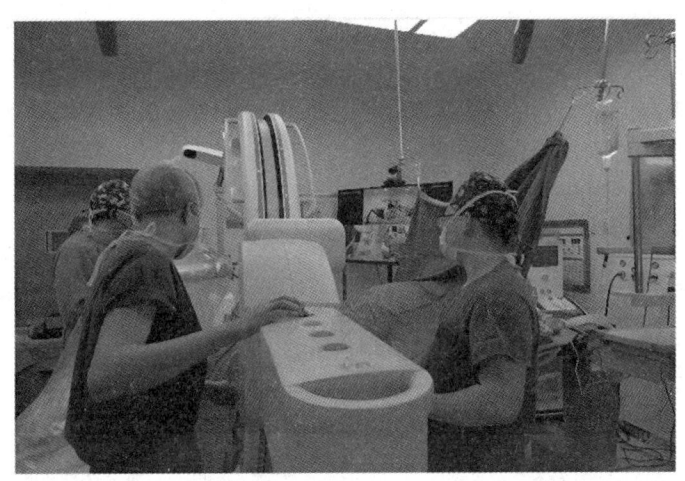

图 1-4　远程医疗

如图 1-5 所示，智能驾驶，即人坐在驾驶屏前，手握方向盘，通过 5G 网络向远在大楼外跑道上的汽车发出驾驶指令，汽车即刻完成启动、加速、减速、转向、倒车等一系列动作。

图 1-5　智能驾驶

如图 1-6 所示，车联网简单地说就是把汽车连接起来的网络，但要从宏观上说，还需要将车与行人、车与路、车与基础设施（信号灯之类）、车与网络、车与"云"连接在一起。5G 网络的低时延特性为车联网的实现提供了解决方案。

图 1-6 车联网

如图 1-7 所示，5G 网络的低时延特性使技术人员在安全距离外操作重型机械成为可能，消除了许多人为操作带来的安全隐患。该技术对制造业和采矿业有深远影响。在这些行业中，操作事故屡见不鲜，而且往往是致命的。

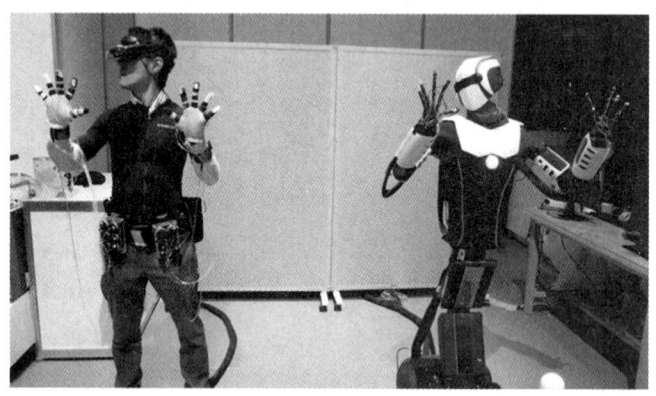

图 1-7 工业控制

1.2.4 低功耗、高能效

由于信道带宽增加，天线收发通道增多，5G 基站和 AAU 设备的总功耗较 4G 基站和 RRU 有所增加，如表 1-1 所示，但是 5G 网络在能效方面有其自身的独特优势。

由于 5G 网络使用了超大带宽（低频段达到 100MHz，高频段达到 400MHz，同时提供最高 16 个载波聚合模式），具有极高的编码效率（LDPC 和 Polar 码的编码效率接近香农极限），采用更高的调制方式、更多的发射天线，因此 5G 网络获得了超越以往网络的超高速率，在频谱效率、网络能效等方面远超 4G 网络，如表 1-1 所示。

表 1-1　4G 网络与 5G 网络的功耗、能效等指标对比

	4G 网络		5G 网络	
	2T2R	4T4R	32T32R	64T64R
功耗（W）	400	685	500	810
容量（Mbit/s）	150	300	5000	10000
能效（GB/kW·h）	165	192	4395	5425

思考与练习题 2

1. 5G 技术的特征有哪几个?
2. 5G 网络每平方千米支持终端数量达到(　　)万个。
3. 5G 网络的海量连接支持哪些典型应用?
4. 5G 网络的高速率主要支持哪些典型应用?
5. 5G 网络的低时延可以支持哪些典型应用?

反思 2

通过学习本任务,反思不足的地方:

_____

_____

_____

_____

_____

任务 1.3　熟知 5G 三大应用场景

3GPP 定义了 5G 三大应用场景——eMBB(增强型移动宽带)、mMTC(大规模机器类通信)、uRLLC(超可靠低时延通信)。

1.3.1　eMBB

eMBB(enhanced Mobile Broadband,增强型移动宽带),就是要在 4G 的基础上,继续增强用户体验,特别是对移动带宽,体现在用户身上就是提升网速。增强型移动宽带业务场景中,5G 网络提供的用户体验速率达到 100Mbit/s,峰值速率在 10Gbit/s 以上。eMBB 对应的是大流量移动宽带业务,主要还是追求人与人之间极致的通信体验。场景包括随时随地的 3D/超高清视频直播和分享、VR、随时随地云存取、高速移动上网等大流量移动宽带业务,具体如下:8K 云 VR 直播,上行直播图像传输速率超过 100Mbit/s;VR 云游戏,主要是在边缘计算单元进行的实时媒体处理、GPU 图像渲染等;高清远程示教,可应用于远程教育、远程信访、远程党建等具体业务;AR 远程协作,人们利用头戴式 AR 设备,通过 5G 网络可实现高清视频双向通信;智慧旅游/会展,在会展中心或旅游景点部署人脸识别摄像头,通过 5G 网络回传,实现人脸识别、认证及轨迹跟踪等。

AR 技术是计算机在现实影像上叠加相对应的图像技术,利用了虚拟世界套入现实世界并与之进行互动的方法,达到"增强"现实的目的。VR 技术是在计算机上生成三维空间,并且利用这个空间提供给使用者关于视觉、听觉、触觉等感官的虚拟体验,让使用者仿佛身临其境一般。

为什么 4G 网络中暂时没有 VR 技术和 AR 技术的广泛应用?这有两方面的原因,一方面,4G 网络带宽受限,4G 网络峰值速率在 1Gbit/s,用户体验速率在 10Mbit/s,VR 技术和

AR 技术无法获得超高清晰度；另一方面，VR 终端和 AR 终端由于需要实现独立渲染，因此成本较高。5G 网络可以利用高速率特性将渲染的运算能力放在云端解决，用户侧仅保留显示能力，这样可以有效降低成本，因此在 5G 网络中超高清的 VR 影像和 AR 影像将成为典型应用。

1.3.2 mMTC

mMTC（massive Machine Type Communication，大规模机器类通信）：侧重于人与物之间的信息交互，主要应用场景包括车联网、智能物流、智能资产管理等，要求提供多连接的承载通道，实现万物互联。mMTC 应用则主要指的是车联网、工业物联网等细分、少量、门槛较高的行业应用，也可以统称为物联网应用。与 eMBB 不同，mMTC 追求的不是高速率，而是低功耗和低成本，需要满足每平方千米内 100 万个终端设备之间的通信需求，发送较少的数据且对传输延迟有较低要求。

通过 mMTC 技术，未来家庭中的家电、门禁、烟感及各种电子器件都会上网，城市管理中的井盖、垃圾桶、交通灯，智能农业中的农业机械，环境监测中的水文、气候监测器，所有通过传感器搜集的数据都会联网。这个场景将诞生大量的联网设备，真正实现万物互联。

在 5G 网络的 mMTC 中存在以下关键技术要求，这些要求超越了现有的 4G 物联网技术：

（1）覆盖 164 dB 的最大耦合损耗（MCL）。
（2）164dB MCL 下不超过 10s 的延迟。
（3）超过 10 年的 UE 电池寿命，甚至能长达 15 年。
（4）每平方千米 1000000 个设备的连接密度。

1.3.3 uRLLC

uRLLC（超可靠低时延通信）：提供空口时延低至 1ms，可靠性高达 99.999%的无线服务连接。uRLLC 主要业务场景包括工业自动化、车联网和远程医疗。在工业自动化领域的智能工厂方面，利用 5G 网络在带宽、时延和可靠性方面的特点可以实现工厂生产的灵活性、移动性和多用途适用性，有助于工厂模块化和柔性制造的实现；远程控制、机器人和 AR 技术有助于实现设备与人之间的密切协同，从而提升制造效率。在车联网领域，5G 网络可以满足车辆自动驾驶的实际需求，但是目前无人驾驶涉及安全、法律方面的问题。在远程医疗方面，利用 5G 网络高可靠低时延的技术特点，可实现远程诊断和远程手术，目前已经有相关的应用。

思考与练习题 3

扫一扫看思考与练习题 3 答案

1. （　　）是增强型移动宽带。
2. 5G 网络提供的用户体验速率达到（　　）Mbit/s，峰值速率在（　　）Gbit/s 以上。
3. VR 技术是在计算机上生成一个三维空间，并利用这个空间提供给使用者关于（　　）、（　　）、（　　）等感官的虚拟感受。
4. （　　）侧重于人与物之间的信息交互。
5. （　　）提供空口时延低至 1ms，可靠性高达 99.999%的无线服务连接。
6. （　　）对应的是大流量移动宽带业务，主要还是追求人与人之间极致的通信体验。

反思 3

通过学习本任务,反思不足的地方:

项目 2 熟知 5G 基本原理

项目内容：本项目旨在让读者熟悉 5G 系统的物理层结构、时频资源、关键技术、网络架构与接口协议，掌握 5G 基站安装与维护必备的理论知识，为通过 1+X 认证理论考试打下坚实的基础。

知识目标

掌握 5G 系统的物理层结构。
掌握 5G 系统信道与信号的分类。
理解 5G 系统主要的物理层过程。
了解 5G 的关键技术。
掌握 5G 网络架构。
熟悉 5G 网络的接口协议。
掌握 OFDMA 的原理及特点。

能力目标

能分析 5G 不同场景使用的频率范围。
能对比分析 4G 系统与 5G 系统帧结构的不同。
能分析 5G 大规模天线技术的特点。

项目 2　熟知 5G 基本原理

能够阐述 5G 使用 MEC 和 UDN 技术的优点和不足。
能解释上下行解耦技术的原理及作用。
能解释 BWP 技术的原理及作用。
能阐述不同系统中编码技术的具体应用情况。
能够灵活分析 5G 随机接入使用的信道。
能够灵活分析 5G 物理层过程中使用的信道。
能够对比分析 4G 和 5G 网络结构、协议的异同。

素质目标

锻炼学生的逻辑思考能力、对比分析能力，培养学生的爱国主义情怀。

思维导图

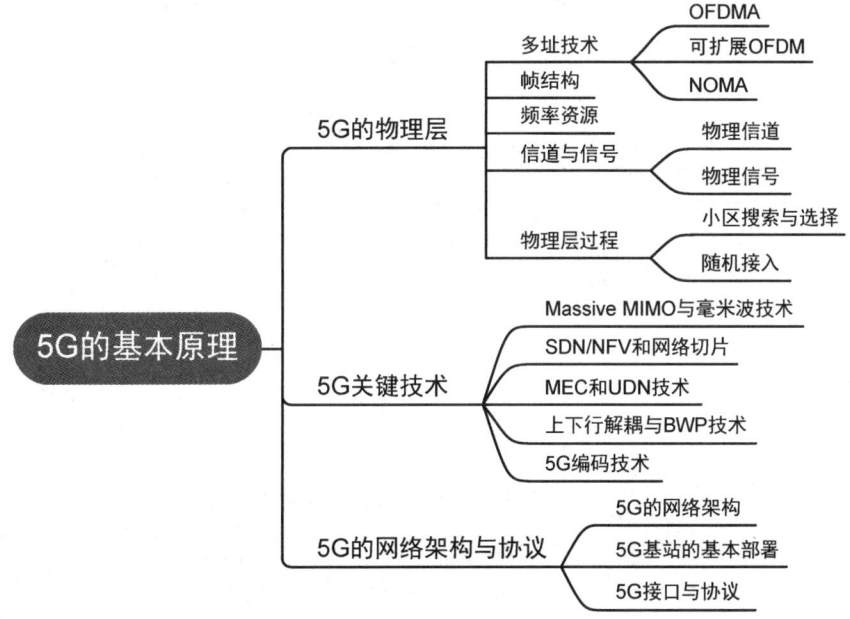

寄语读者

华为对外公布了在 Polar 码方面取得的技术突破，测试结果表明，使用 Polar 码编码技术可以使 5G 传输时延低至 1ms，要知道眨一次眼睛都要 200ms，Polar 码是世界上第一类理论值达到信道传输极限值的编码技术。Polar 码成为 5G eMBB 场景的控制信道编码的最终方案，实现了中国在基础通信领域的重大突破，进一步提升了中国在全球通信领域的话语权。我们应努力学习知识，肩负时代的使命和社会担当，为 5G 事业添砖加瓦。

扫一扫看教学课件：5G 多址技术

扫一扫看微课视频：5G 多址技术

任务 2.1　理解 5G 的物理层

2.1.1　多址技术

1. OFDM

20 世纪 50 年代，OFDM（Orthogonal Frequency Division Multiplexing，正交频分复用）的

概念就已经被提出，但是受限于调制解调流程，传统的模拟技术很难实现正交的子载波，因此 OFDM 早期没有得到广泛的应用。随着数字信号处理技术的发展，Weinstein 和 Ebert 等人提出采用快速傅里叶变换（FFT）实现正交载波调制的方法，为 OFDM 的广泛应用奠定了基础。此后，为了克服通道多径效应和定时误差引起的符号间干扰（ISI），Peled 和 Ruizt 提出了添加循环前缀的思想。

如图 2-1 上半部分所示，常规频分复用，在传统的并行数据传输系统中，整个信号频段被划分为 N 个相互不重叠的频率子信道。每个子信道传输独立的调制符号，再将 N 个子信道进行频率复用。这样看起来可以避免信道频谱重叠，有利于消除信道间的干扰，但是带来的问题是不能高效利用频谱资源。如何解决这个问题呢？

为了节省带宽资源，如图 2-1 下半部分所示，正交频分复用（OFDM）将频率资源进行交叠，可以看出 OFDM 至少能够节约二分之一的频谱资源，是一种能够充分利用频谱资源的多载波传输方式。可能我们会产生一定的疑问，这样处理之后频率之间的干扰怎么办？要理解 OFDM 是如何抗干扰的，就要去分析 OFDM 的思想。

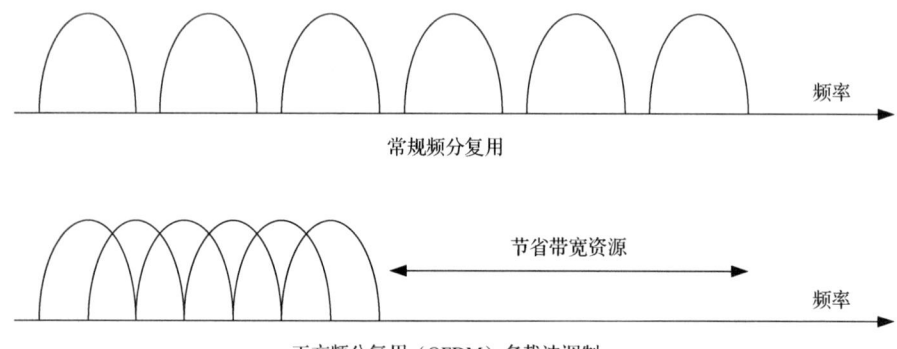

图 2-1　常规频分复用与 OFDM 的信道分配

OFDM 的主要思想是：将信道分成若干正交子信道，将高速数据信号转换成并行的低速子数据流，调制到每个子信道上进行传输。OFDM 的基本原理如图 2-2 所示。

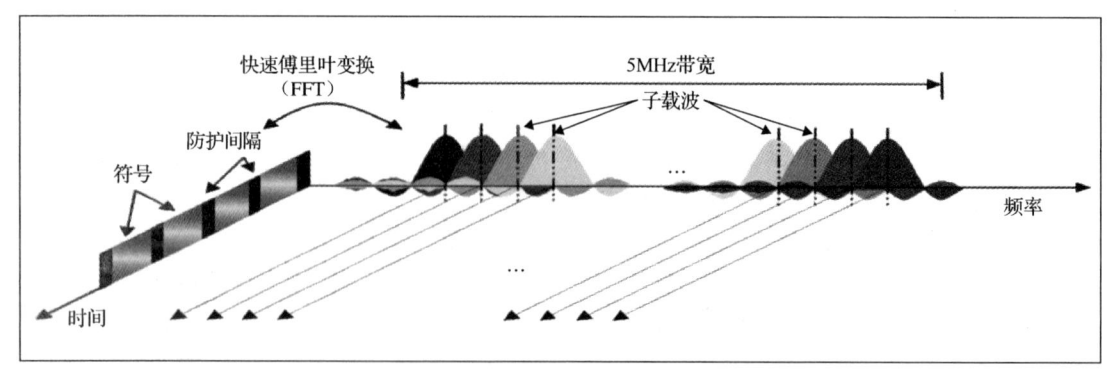

图 2-2　OFDM 的基本原理

OFDM 利用快速傅里叶逆变换（IFFT）和快速傅里叶变换（FFT）来实现调制和解调，如图 2-3 所示。

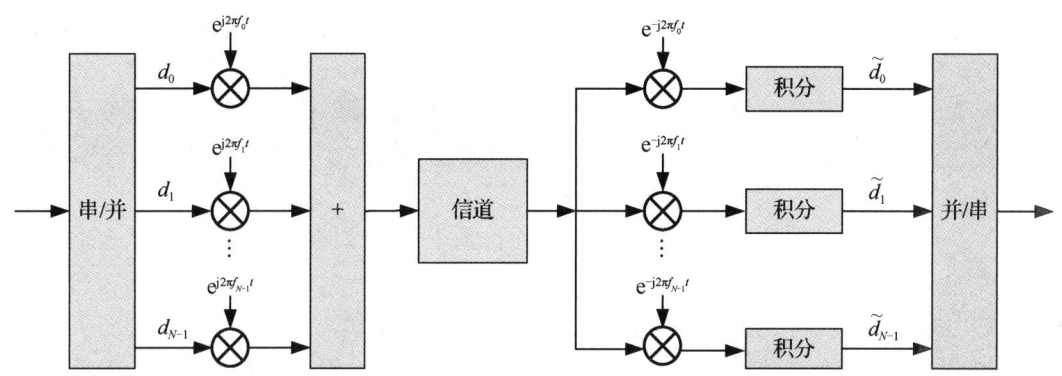

图 2-3 调制解调过程

OFDM 的调制解调流程如下：

（1）发射机在发射数据时，将高速串行数据转换为低速并行数据，利用正交的多个子载波进行数据传输。

（2）接收机在解调器的后端进行同步采样，获得数据，然后转为高速串行数据。

OFDM 的调制解调过程要注意以下几点：

（1）各个子载波使用独立的调制器和解调器。

（2）各个子载波之间完全正交，各个子载波收发完全同步。

（3）发射机和接收机要精确同频、同步，准确进行位采样。

在向 3G/4G 演进的过程中，OFDM 是关键技术之一，可以结合分集、空时编码、干扰和信道间干扰抑制及智能天线技术，最大限度地提高系统性能。

OFDM 系统主要存在以下优点：

（1）能够消除 ISI 的影响。高速数据流通过串/并转换，使得每个子载波上的数据符号持续长度相对增加，从而有效地减小了无线信道的时间弥散所带来的 ISI，这样就减小了接收机内均衡的复杂度，部分场合下甚至可以不采用均衡器，仅通过插入循环前缀的方法来消除 ISI 的不利影响。

（2）频率利用率高。OFDM 系统由于各个子载波之间存在正交性，允许子信道的频谱相互重叠，因此与常规的频分复用系统相比，OFDM 系统可以最大限度地利用频谱资源。各个子信道中的正交调制和解调可以采用快速傅里叶变换（FFT）和快速傅里叶逆变换（IFFT）来实现。无线数据业务一般都存在非对称性，即下行链路中传输的数据量要远大于上行链路中传输的数据量，如 Internet 业务中的网页浏览、FTP 下载等。移动终端功率一般小于 1W，在大蜂窝环境下传输速率低于 100kbit/s；而基站发送功率可以较大，能提供 1Mbit/s 以上的传输速率。因此，无论从用户数据业务的使用需求，还是从移动通信系统自身的要求考虑，都希望物理层支持非对称高速数据传输，而 OFDM 系统可以很容易地通过使用不同数量的子信道来实现上行和下行链路中不同的传输速率。由于无线信道存在频率选择性，不可能所有的子载波都同时处于比较深的衰落情况中，因此可以通过动态比特分配以及动态子信道的分配方法，充分利用信噪比较高的子信道，从而提高系统的性能。

但是 OFDM 系统内存在多个正交子载波，故输出信号是多个子信道信号的叠加。

与单载波系统相比，OFDM 系统主要存在以下缺点：

（1）易受频率偏差的影响。子信道的频谱相互覆盖对它们之间的正交性提出了严格的要求。然而，由于无线信道存在时变性，在传输过程中会出现无线信号的频率偏移，如多普勒频移，或者由于发射机载波与接收机本地振荡器之间存在的频率偏差，OFDM 系统子载波之间的正交性会遭到破坏，从而导致子信道间的信号相互干扰。对频率偏差敏感是 OFDM 系统的主要缺点之一。

（2）存在较高的峰均比。与单载波系统相比，由于多载波调制系统的输出是多个子信道信号的叠加，因此如果多个信号的相位一致，所得到的叠加信号的瞬时功率就会远远大于信号的平均功率，导致出现较高的峰均比（PAPR）。这就对发射机内放大器的线性提出了很高的要求，如果放大器的动态范围不能满足信号的变化要求，则会给信号带来畸变，使叠加信号的频谱发生变化，从而导致各个子信道信号之间的正交性遭到破坏，各个子信道信号产生相互干扰，使系统性能恶化。

2. 可扩展 OFDM

OFDM 技术被当今的 4G LTE 和 Wi-Fi 系统广泛采用，因其可扩展至高带宽应用，且具有高频谱效率和较低的数据复杂性，能够很好地满足 5G 网络性能要求。5G 网络上行链路采用的是基于 DFT 扩展的 OFDM（DFT-S-OFDM），其功率谱在频域上和 SC-FDMA 非常相似。DFT-S-OFDM 最大的优点是峰均比比较好，对上行发射机的要求较低。而 OFDM 的峰均比非常大，对线性功放的要求非常高，但是在基站侧对功放成本的要求不是非常高，因此 OFDM 在下行链路采用，如图 2-4 所示。

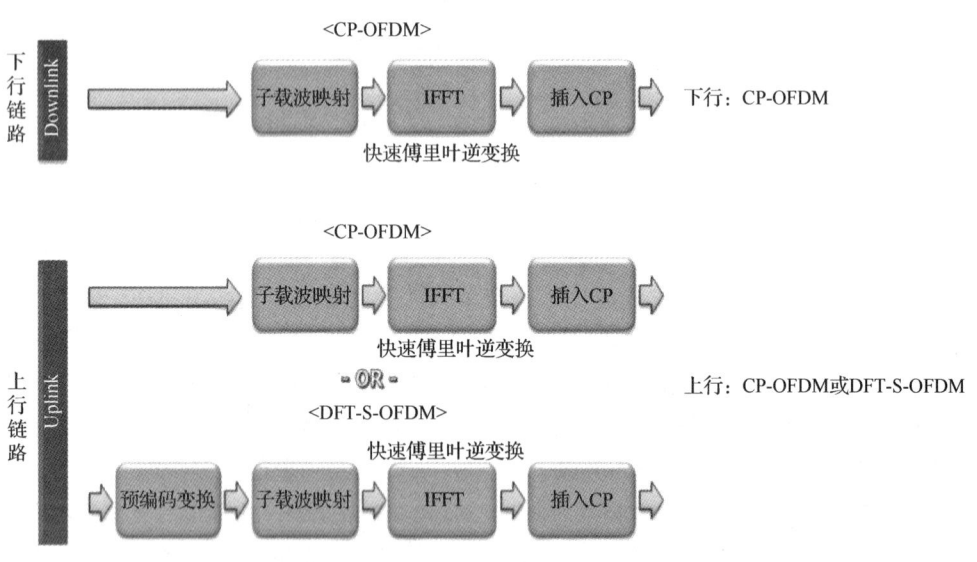

图 2-4　DFT-S-OFDM

DFT-S-OFDM（Discrete Fourier Transform-Spread OFDM），即基于离散傅里叶变换的扩频正交频分复用技术，是在频域产生信号的单载波频分多址接入方案。因为单载波频分多址接入（SC-FDMA）技术在传统的 OFDMA 处理过程之前有一个额外的 DFT（离散傅里叶变换）处理，因此 SC-FDMA 也称为线性预编码 OFDMA 技术。SC-FDMA 信号可以在时域生成，也

可以在频域生成，出于和下行链路兼容考虑，LTE 选择了在频域生成 SC-FDMA 技术，即 DFT-S-OFDM。该技术是在 OFDM 的 IFFT 调制之前对信号进行 DFT 扩展，这样系统发射的是时域信号，从而可以避免 OFDM 系统发送频域信号带来的 PAPR 问题。CP-OFDM 与 DFT-S-OFDM 的对比如表 2-1 所示。

表 2-1 CP-OFDM 与 DFT-S-OFDM 的对比

	CP-OFDM	DFT-S-OFDM
链路	NR 物理层上下行链路	LTE 上行链路和 NR 物理层上行链路
场景	高吞吐量	功率受限
传输方式	多输入多输出	单层传输
类似序列	PDSCH 中 Gold 序列	上行链路中 Zadoff-Chu 序列
其他	在 RB 中提供高频谱包装效率，可以在密集城市中最大限度利用网络容量	低频谱包装，也可满足更大范围要求

3. NOMA

从 2G、3G 到 4G，多用户复用多址技术主要集中于对时域、频域、码域的研究，而 NOMA 在 OFDM 的基础上增加了一个维度——功率域。

NOMA（Non-Orthogonal Multiple Access，非正交多址接入）技术，用于在 mMTC、uRLLC、eMMB 场景传输小数据包。它的优势在于可以降低 5G NR 信令开销，降低终端功耗，增加终端连接数，提升频谱效率，灵活支持非连续突发小数据包业务，降低空口时延，提升可靠性。

NOMA 的基本思想是在发送端采用非正交发送，在接收端通过串行干扰消除（SIC）接收机实现正确解调。NOMA 的子信道传输依然采用 OFDM 技术，子信道之间是正交的，互不干扰，但是一个子信道不再只分配给一个用户，而是多个用户共享。但是同一个子信道上不同用户之间是非正交传输的，这样就会产生用户间干扰问题，所以在接收端必须采用 SIC 技术进行多用户检测。

在发送端，对同一个子信道上的不同用户采用功率复用技术进行发送，不同用户的信号功率按照相关的算法进行分配，这样到达每个用户接收端的信号功率都不一样。SIC 接收机再根据不同用户的信号功率大小按照一定的顺序消除干扰，实现正确解调，同时达到了区分用户的目的。

在某些场景中，比如远近效应场景和广覆盖多节点接入场景，特别是上行密集场景，采用功率复用的 NOMA 方式较传统的正交接入方式有明显的性能优势，更适合未来系统的部署。NOMA 通过结合 SIC 技术等才能取得容量极限，因此技术实现的难点在于是否能设计出复杂度低且有效的接收机算法。

2.1.2 帧结构

1. LTE 帧结构

LTE 中 TDD 系统，每个 10ms 无线帧包括 2 个长度为 5ms 的半帧，每个半帧由 4 个数据子帧和 1 个特殊子帧组成。特殊子帧包括 3 个特殊时隙：DwPTS、GP 和 UpPTS，总长度为 1ms，如图 2-5 所示。

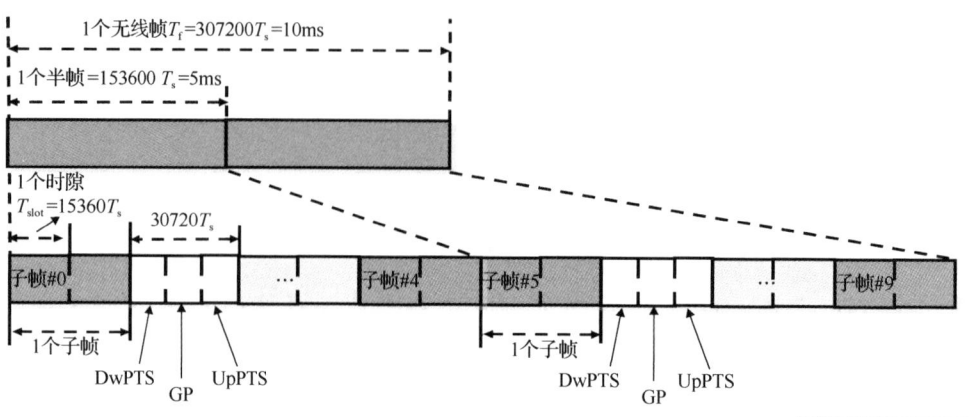

图 2-5 帧结构

2. NR 帧结构

5G NR 中定义的无线帧时域长度依然与 4G LTE 相同,为 10ms,包含了 10 个 1ms 的子帧,每个 10ms 无线帧依然可划分为两个 5ms 半帧,第一个半帧包含子帧 0～4,第二个半帧包含子帧 5～9。NR 中一样存在时隙的概念,且时隙的时长是可变的。μ 取值的变化,会导致符号的长度可变,最终导致时隙的时长可变。

常规 CP 和扩展 CP 配置符号、时隙、子帧的关系是:常规 CP 无论子载波带宽怎么变,一个时隙中固定有 14 个符号,但是一个无线帧和一个子帧中的时隙个数会发生变化。其变化关系与 μ 值如表 2-2 和表 2-3 所示。

表 2-2 常规 CP 每时隙符号数和时隙个数

μ	N_{symb}^{slot}（每时隙符号数）	$N_{slot}^{frame,\mu}$（每帧时隙数）	$N_{slot}^{subframe,\mu}$（每子帧时隙数）
0	14	10	1
1	14	20	2
2	14	40	4
3	14	80	8
4	14	160	16
5	14	320	32

注:此表有一个 μ=5 项,但在 Rel-15 中并不使用此项。

表 2-3 扩展 CP 的每时隙符号数和时隙个数

μ	N_{symb}^{slot}（每时隙符号数）	$N_{slot}^{frame,\mu}$（每帧时隙数）	$N_{slot}^{subframe,\mu}$（每子帧时隙数）
2	12	40	4

LTE 中子帧有上、下行之分,NR 中变成了符号级,如表 2-4 所示,在一个时隙中 D 表示下行符号,U 表示上行符号,X 表示灵活的符号。目前每个子帧包含多少个时隙是根据 μ 值来确定的,μ 的取值有 5 个,为 0,1,2,3,4。0 对应的子载波间隔是 15kHz,每个子帧有 1 个时隙;1 对应的子载波间隔是 30kHz,每个子帧有 2 个时隙;2 对应的子载波间隔是 60kHz,每个子帧有 4 个时隙;3 对应的子载波间隔是 120kHz,每个子帧有 8 个时隙;4 对应的子载波间隔是 240kHz,每个子帧有 16 个时隙。

表 2-4 时隙格式

格式	每时隙符号数													
	0	1	2	3	4	5	6	7	8	9	10	11	12	13
0	D	D	D	D	D	D	D	D	D	D	D	D	D	D
1	U	U	U	U	U	U	U	U	U	U	U	U	U	U
2	X	X	X	X	X	X	X	X	X	X	X	X	X	X
3	D	D	D	D	D	D	D	D	D	D	D	D	D	X
4	D	D	D	D	D	D	D	D	D	D	D	D	X	X
5	D	D	D	D	D	D	D	D	D	D	D	X	X	X
6	D	D	D	D	D	D	D	D	D	D	X	X	X	X
7	D	D	D	D	D	D	D	D	D	X	X	X	X	X
8	X	X	X	X	X	X	X	X	X	X	X	X	X	U
9	X	X	X	X	X	X	X	X	X	X	X	X	U	U
10	X	U	U	U	U	U	U	U	U	U	U	U	U	U
11	X	X	U	U	U	U	U	U	U	U	U	U	U	U
12	X	X	X	U	U	U	U	U	U	U	U	U	U	U
13	X	X	X	X	U	U	U	U	U	U	U	U	U	U
14	X	X	X	X	X	U	U	U	U	U	U	U	U	U
15	X	X	X	X	X	X	U	U	U	U	U	U	U	U
16	D	X	X	X	X	X	X	X	X	X	X	X	X	X
17	D	D	X	X	X	X	X	X	X	X	X	X	X	X
18	D	D	D	X	X	X	X	X	X	X	X	X	X	X
19	D	X	X	X	X	X	X	X	X	X	X	X	X	U
20	D	D	X	X	X	X	X	X	X	X	X	X	X	U
21	D	D	D	X	X	X	X	X	X	X	X	X	X	U
22	D	X	X	X	X	X	X	X	X	X	X	X	U	U
23	D	D	X	X	X	X	X	X	X	X	X	X	U	U
24	D	D	D	X	X	X	X	X	X	X	X	X	U	U
25	D	X	X	X	X	X	X	X	X	X	X	U	U	U
26	D	D	X	X	X	X	X	X	X	X	X	U	U	U
27	D	D	D	X	X	X	X	X	X	X	X	U	U	U
28	D	D	D	D	D	D	D	D	D	D	D	D	X	U
29	D	D	D	D	D	D	D	D	D	D	D	X	X	U
30	D	D	D	D	D	D	D	D	D	D	X	X	X	U
31	D	D	D	D	D	D	D	D	D	D	X	U	U	U
32	D	D	D	D	D	D	D	D	D	X	X	U	U	U
33	D	D	D	D	D	D	D	D	X	X	X	U	U	U
34	D	X	U	U	U	U	U	U	U	U	U	U	U	U
35	D	D	X	U	U	U	U	U	U	U	U	U	U	U
36	D	D	D	X	U	U	U	U	U	U	U	U	U	U
37	D	X	X	U	U	U	U	U	U	U	U	U	U	U

续表

格式	每时隙符号数													
	0	1	2	3	4	5	6	7	8	9	10	11	12	13
38	D	D	X	X	U	U	U	U	U	U	U	U	U	U
39	D	D	D	X	X	U	U	U	U	U	U	U	U	U
40	D	X	X	X	U	U	U	U	U	U	U	U	U	U
41	D	D	X	X	X	U	U	U	U	U	U	U	U	U
42	D	D	D	X	X	X	U	U	U	U	U	U	U	U
43	D	D	D	D	D	D	D	D	D	X	X	X	X	U
44	D	D	D	D	D	D	X	X	X	X	X	X	U	U
45	D	D	D	D	D	D	X	X	U	U	U	U	U	U
46	D	D	D	D	D	X	D	D	D	D	D	D	D	X
47	D	D	D	D	X	X	D	D	D	D	D	D	X	X
48	D	D	X	X	X	X	D	D	X	X	X	X	X	X
49	D	X	X	X	X	X	D	X	X	X	X	X	X	X
50	X	U	U	U	U	U	U	U	U	U	U	U	U	U
51	X	X	U	U	U	U	U	U	X	X	U	U	U	U
52	X	X	X	U	U	U	U	U	X	X	X	U	U	U
53	X	X	X	X	U	U	U	U	X	X	X	X	U	U
54	D	D	D	D	X	U	U	D	D	D	D	X	U	U
55	D	D	D	X	U	U	U	D	D	D	X	U	U	U
56	D	X	U	U	U	U	U	D	X	U	U	U	U	U
57	D	D	D	D	X	X	U	D	D	D	X	X	U	U
58	D	D	D	X	X	U	U	D	D	X	X	U	U	U
59	D	X	X	U	U	U	U	D	X	X	U	U	U	U
60	D	X	X	X	X	X	U	D	X	X	X	X	X	U
61	D	D	X	X	X	X	U	D	X	X	X	X	X	U
62~255	保留													

2.1.3 频率资源

如图 2-6 所示，5G 的 NR 中，3GPP 主要指定了两个频段，一个通常称为 Sub 6GHz，另一个为毫米波（Millimeter Wave）。

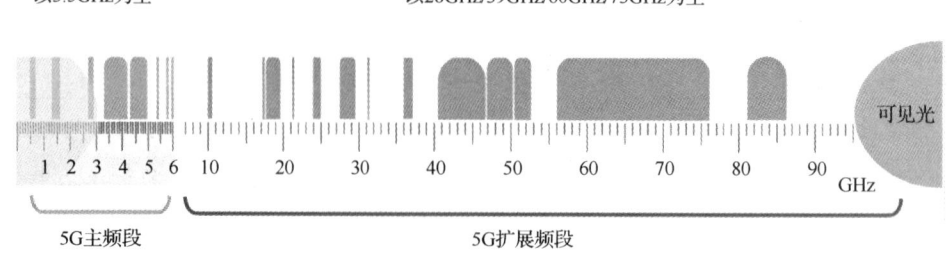

图 2-6 5G 主要的频段

对于不同的频段，系统的带宽和子载波间隔都有所不同。在 Sub 6GHz 中，系统最大的带宽为 100MHz；而在毫米波中，最大的带宽为 400MHz。子载波间隔 15kHz 和 30kHz 只能用在 Sub 6GHz 中，而 120kHz 子载波间隔只能用在毫米波中，60kHz 子载波间隔在 Sub 6GHz 和毫米波中都可使用。

1. 频率范围

如表 2-5 所示，3GPP 为 NR 定义了两个频率范围。Sub 6GHz 频段，也就是我们说的低频频段，是 5G 的主频段。其中 3GHz 以下的频率称为 Sub 3GHz，其余频段称为 C-band。6GHz 以上的毫米波，也就是我们说的高频频段，为 5G 的扩展频段，频谱资源丰富。

表 2-5 频率范围

频段	对应频率范围
Sub 6GHz	450MHz～6000MHz
毫米波	24250MHz～52600MHz

2. NR 频段分配

NR 一共支持 5 种子载波间隔：15kHz、30kHz、60kHz、120kHz 和 240kHz。循环前缀（CP）有两种类型：常规 CP 和扩展 CP。扩展 CP 只能用在子载波间隔为 60kHz 的配置下。其中，可用于业务信道的子载波间隔有 15kHz、30kHz、60kHz 和 120kHz，而可用于同步信道的子载波间隔有 15kHz、30kHz、120kHz 和 240kHz。

5G NR 支持的子载波间隔、CP 类型、对业务信道和同步信道的支持情况如表 2-6 所示。

表 2-6 5G NR 支持的子载波间隔、CP 类型、对业务信道和同步信道的支持情况

μ	$\Delta f = 2^{\mu} \cdot 15$（kHz）	循环前缀类型	支持业务信道	支持同步信道
0	15	常规	是	是
1	30	常规	是	是
2	60	常规、扩展	是	否
3	120	常规	是	是
4	240	常规	否	是

TDD 表示时分双工，FDD 表示频分双工，SDL 只能用于下行传输，SUL 只能用于上行传输。NR Sub 6GHz 和毫米波频带资源如表 2-7 和表 2-8 所示。

表 2-7 NR Sub 6GHz 频带资源

NR 工作频带	上行链路（UL）工作频段 BS 接收 UE 发送		下行链路（DL）工作频段 BS 发送 UE 接收		双工模式
	FUL_low～FUL_high（MHz）	总带宽（MHz）	FDL_low～FDL_high（MHz）	总带宽（MHz）	
n1	1920～1980	60	2110～2170	60	FDD
n2	1850～1910	60	1930～1990	60	FDD
n3	1710～1785	75	1805～1880	75	FDD
n5	824～849	25	869～894	25	FDD
n7	2500～2570	70	2620～2690	70	FDD

续表

NR工作频带	上行链路（UL）工作频段 BS 接收 UE 发送		下行链路（DL）工作频段 BS 发送 UE 接收		双工模式
	FUL_low～FUL_high（MHz）	总带宽（MHz）	FDL_low～FDL_high（MHz）	总带宽（MHz）	
n8	880～915	35	925～960	35	FDD
n20	832～862	30	791～821	30	FDD
n28	703～748	45	758～803	45	FDD
n38	2570～2620	50	2570～2620	50	TDD
n41	2496～2690	194	2496～2690	194	TDD
n50	1432～1517	85	1432～1517	85	TDD
n51	1427～1432	5	1427～1432	5	TDD
n66	1710～1780	70	2110～2200	90	FDD
n70	1695～1710	15	1995～2020	25	FDD
n71	663～698	35	617～652	35	FDD
n74	1427～1470	43	1475～1518	43	FDD
n75	N/A		1432～1517	85	SDL
n76	N/A		1427～1432	5	SDL
n78	3300～3800	500	3300～3800	500	TDD
n77	3300～4200	900	3300～4200	900	TDD
n79	4400～5000	600	4400～5000	600	TDD
n80	1710～1785	75	N/A		SUL
n81	880～915	35	N/A		SUL
n82	832～862	30	N/A		SUL
n83	703～748	45	N/A		SUL
n84	1920～1980	60	N/A		SUL

注：N/A 表示未定义下行频段。

表2-8 NR毫米波频带资源

NR工作频带	上行链路（UL）工作频段 BS BS 接收 UE 发送 FUL_low～FUL_high（MHz）	下行链路（DL）工作频段 BS 发送 UE 接收 FDL_low～FDL_high（MHz）	双工模式
n257	26500～29500	26500～29500	TDD
n258	24250～27500	24250～27500	TDD
n260	37000～40000	37000～40000	TDD

NR 中 Sub 6GHz 的最大带宽为 100MHz，子载波间隔支持 15kHz、30kHz、60kHz，FR2 的最大带宽为 400MHz，子载波间隔支持 60kHz 和 120kHz，每种带宽配置下的最大 RB（Resource Block，资源块）个数（N_{RB}）不同，如表 2-9 和表 2-10 所示。和 LTE 中对 RB 的定义不同，在 TS 38.211 标准中，定义 RB 为频域上连续的 12 个子载波，并没有对 RB 的时域进行定义。

项目 2 熟知 5G 基本原理

表 2-9 Sub 6GHz 的 N_{RB}

子载波间隔（kHz）	5MHz	10MHz	15MHz	20MHz	25MHz	30MHz	40MHz	50MHz	60MHz	80MHz	100MHz
15	25	52	79	106	133	[TBD]	216	270	N/A	N/A	N/A
30	11	24	38	51	65	[TBD]	106	133	162	217	273
60	N/A	11	18	24	31	[TBD]	51	65	79	107	135

表 2-10 毫米波的 N_{RB}

子载波间隔（kHz）	50MHz	100MHz	200MHz	400MHz
60	66	132	264	N/A
120	32	66	132	264

2.1.4 信道与信号

5G NR 分为三种信道，即逻辑信道、传输信道、物理信道。

逻辑信道描述了我们要传输的数据的种类。

传输信道关注的是怎样传输，就像货物运输一样，在充分考虑到客户对运送的速度、包装质量的要求的基础上对货物进行打包，并且确定货物的运输方式，比如空运、陆运、海运等运输方式。我们可以想象，对于海鲜这种有异味而且易腐烂的物品，显然应该尽量密封且保持低温，优选较快的运输方式，在某些情况下甚至会选择专用飞机来运输，这就好比专用传输信道。

物理信道，相当于运输工具，好比我们使用某个特定班次的飞机、火车、轮船或者汽车作为货物运输的实际载体。

1. 逻辑信道

NR 网络中的逻辑信道包括控制信道和业务信道两大类。

寻呼控制信道（PCCH）：转发寻呼消息和实现系统信息变更的下行信道，用于对网络未知其小区级位置的 UE 进行寻呼，一般需要同时在多个小区内进行发送。

广播控制信道（BCCH）：广播系统消息的下行信道，用于在 UE 接入网络前传输 UE 所需的控制和配置信息。

公共控制信道（CCCH）：用于 RRC 连接建立前与随机接入相关控制信息的传输。

专用控制信道（DCCH）：用于 RRC 连接建立后 UE 与网络之间控制信息的传输，该信道对 UE 进行独立配置。

专用业务信道（DTCH）：用于特定 UE 与网络之间用户业务数据的传输。

2. 传输信道

寻呼信道（PCH）：用于传输来自 PCCH 的寻呼消息。

广播信道（BCH）：用于传输部分 BCCH 系统消息，即 MIB。

下行链路共享信道（DL-SCH）：NR 下行链路数据传输所采用的主要传输信道。该信道包括链路自适应、带有软合并的 HARQ、波束赋形等。此外，DL-SCH 也用于传输部分 BCCH

系统消息，即 SIB。

上行链路共享信道（UL-SCH）：NR 上行链路数据传输所采用的主要传输信道，是 DL-SCH 的对等体，具有类似的特征。

随机接入信道（RACH）：名义上归属传输信道，但实际并不携带传输块，只承载有限的控制信息。

3. 物理信道

1）下行物理信道的种类

物理广播信道（PBCH）：如同生产大喇叭，在小区的覆盖区域里广播部分系统消息（MIB）。

物理下行控制信道（PDCCH）：如同工地上的发号施令员，主要用来携带下行控制信息（DCI），以及发送上行及下行调度信息、时隙格式指示（SFI）和功率控制命令等。

物理下行共享信道（PDSCH）：如同工地上的劳动人员，主要用于部分系统消息（SIB）、下行链路数据、寻呼消息的传输。

相对 LTE，NR 的下行物理信道去掉了 PHICH/PCFICH，剩下 PBCH/PDCCH/PDSCH 三个信道。

UE 搜索到 PSS/SSS 后，下一步就要解调 PBCH。PBCH 是物理广播信道，该信道在小区覆盖的区域里进行广播并承载部分的系统信息（MIB）。UE 通过该信道获取用户接入网络的必要信息，如系统帧号（SFN）、RMSI 所在的初始 BWP 的时域频域位置、带宽大小等。NR 中 PBCH 信号和 PSS/SSS 组合在一起传输，组成一个 SS/PBCH block，统称 SSB。如图 2-7 所示，其时域上占用连续的 4 个符号，频域上占用 20 个 RB；PBCH 信道占用符号 1 和 3，还占用符号 2 中的部分 RE（物理资源粒子）。

UE 获取 MIB 有限，还不足以驻留小区和进一步发起初始接入，UE 还需要一些必备的 SIB，而这个信息在 NR 中称为 RMSI。UE 需要在 MIB 中通过 PDCCH-configSIB1 字段，指示 UE 获取 RMSI 调度的 PDCCH 信息。然后通过在 PDCCH 上盲检得到 PDSCH 的指示，最终在 PDSCH 中获得 RMSI，如图 2-8 所示。

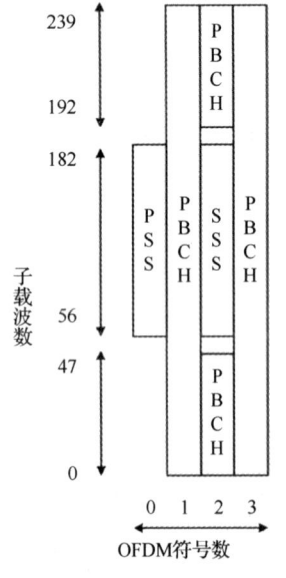

图 2-7 SSB 组成

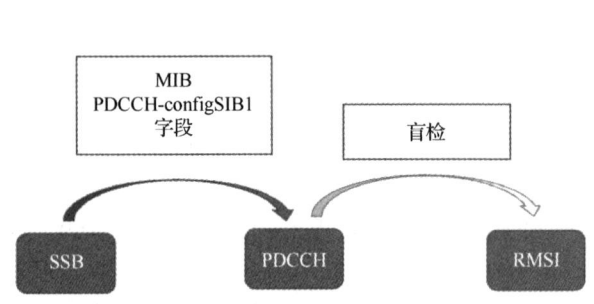

图 2-8 UE 获取 RMSI 的过程

因此，PDCCH 是上下行业务调度的"中枢神经"。它作为下行信道中不可或缺的信道，用于传输来自 L1/L2 的下行控制信息，主要包括下行调度信息、上行调度信息、指示 SFI、PI 和功控命令等。

在 LTE 中 PDCCH 的符号数靠 PCFICH（物理控制格式指示信道）来指示，但是 NR 取消了这个信道，PDCCH 的符号数直接通过高层参数指示通知 UE。同时 NR 也取消了 PHICH 信道，PUSCH 信道的 ACK/NACK 反馈信息直接在 PDCCH 中通知 UE。

根据 PDCCH 使用场景和功能的不同，PDCCH 的信道分为如下 3 类。

common PDCCH：用于传输公共消息（如系统消息、寻呼消息），以及 UE RRC 建立连接之前的数据；

Group common PDCCH：用于 SFI 和 PI 信息的调度；

UE-specific PDCCH：用于用户级数据调度和功控调度。

PDCCH 传输的内容是 DCI，根据 DCI 携带的内容和作用不同，DCI 可以分为 3 类 8 种格式，如表 2-11 所示。

表 2-11 DCI 格式

格式	作用
0_0	用于同一个小区内 PUSCH 调度
0_1	用于同一个小区内 PUSCH 调度
1_0	用于同一个小区内 PDSCH 调度
1_1	用于同一个小区内 PDSCH 调度
2_0	用于指示 Slot 格式
2_1	通知 PRB 和 OFDM 符号
2_2	用于传输 TPC 指令给 PUCCH 和 PUSCH
2_3	用于传输 SRS 的 TPC，同时可以携带 SRS 请求

PDCCH 对应的物理资源、频域位置可以动态配置，时域占用每个子帧起始的符号 1~3，符号个数也可以动态配置，支持 PDCCH 和 PDSCH 相同符号上的 FDM 资源共享。

物理下行共享信道（PDSCH）：主要用于部分系统消息（SIB）、下行链路数据和寻呼消息的传输。PDSCH 的时域位置、频域密度和使用资源可配置。和 LTE 相比，NR PDSCH 最大的变化是引入了时域资源分配的概念，即每次调度的 PDSCH 资源在时域上的分配颗粒度可以达到符号级，而且每次调度分配的资源可以动态变化。PDSCH 时频资源映射类型分为 mapping TYPE A 和 mapping TYPE B。mapping TYPE A，分配的符号数较多，适用于大带宽场景。时隙占用的符号起始位置可以是 0，1，2，3，符号长度可以为 3~14，因此 TYPE A 通常称为基于时隙的调度。对于 mapping TYPE B，PDSCH 起始符号位置可灵活配置，可以从 0~12 符号位置开始，分配的符号数较少，符号长度限制为 2、4、7，时延短，适用于低时延场景。TYPE B 通常称为基于迷你时隙的调度。一个时隙内可以同时调度 TYPE A+TYPE B 资源，图 2-9 给出了一种分配方案，其中 S 是起始符号位置，L 为符号长度。

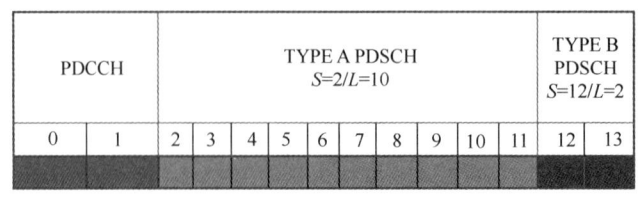

图 2-9 PDSCH 时频资源

2）上行物理信道的种类

物理随机接入信道（PRACH）：在网络中用于发起随机接入请求。

物理上行控制信道（PUCCH）：主要用来携带上行控制信息（UCI），便于发送 HARQ 反馈、CSI 反馈以及调度请求指示等 L1/L2 控制命令。

物理上行共享信道（PUSCH）：主要用于上行链路数据的传输，与 PDSCH 是对等的信道。

4．信道映射关系

如图 2-10 所示，逻辑信道到传输信道的映射关系中，BCCH 映射到 BCH 和 DL-SCH 上。这是因为 BCCH 中有 MIB 和 SIB，其中 MIB 映射到 BCH 上，SIB 映射到 DL-SCH 上。PCCH 映射到 PCH，CCCH/DCCH/DTCH 映射到 DL-SCH 和 UL-SCH 上，RACH 没有逻辑信道可以映射。传输信道到物理信道的映射关系中，PCH 和 DL-SCH 映射到 PDSCH 上，UL-SCH 映射到 PUSCH 上，RACH 映射到 PRACH 上，BCH 映射到 PBCH 上。

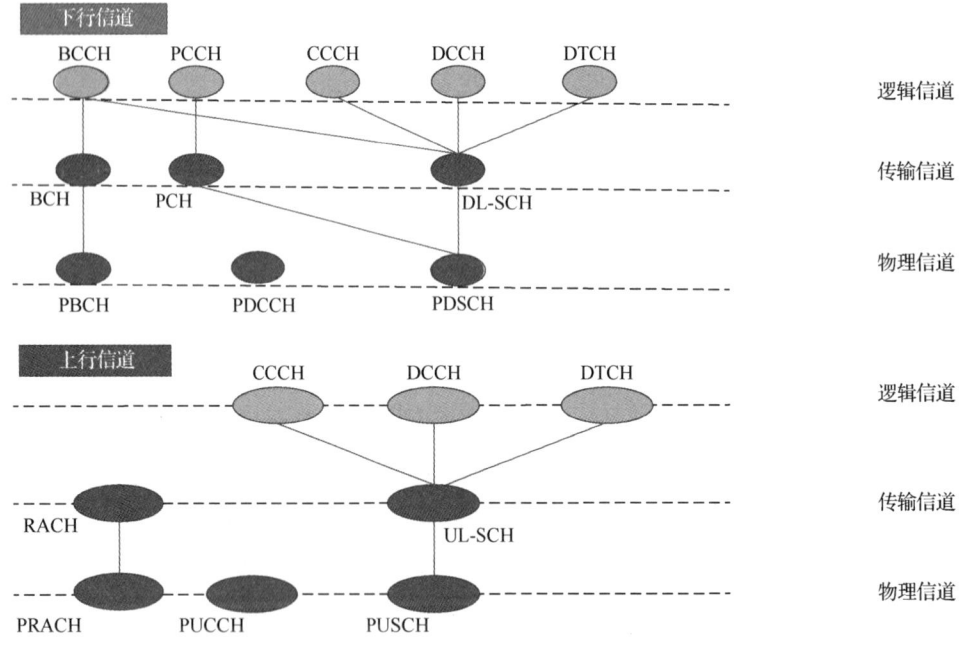

图 2-10 信道映射关系

5．物理信号

物理信号不会携带从上层来的所有信息，也不存在高层信道的映射关系。如图 2-11 所示，5G 设计了 PSS/SSS（主辅同步信号）、DMRS（解调参考信号）、PT-RS（相位跟踪参考信号）、CSI-RS（信道状态参考信号）、SRS（探测参考信号）五种类型物理信号。

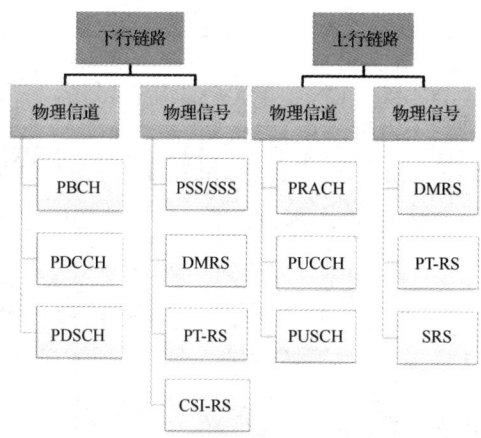

图 2-11　上下行物理信道和物理信号类型

5G NR 的物理信号中取消了 CRS，因为 CRS 只支持 1，2，4 个天线端口的配置，并且相邻小区的物理小区 ID 要保证模 6 值不同才能够将 CRS 在频域映射在不同位置。也就是说，对于 5G 的超密集组网，CRS 将会带来很大的同频干扰。5G 可用的天线端口数远大于 4 个，同时为了上下行统一，一律采用 DMRS 进行信道估计。

新增 PT-RS（Phase Tracking Reference Signal，相位跟踪参考信号），由于 5G NR 工作在更高的频率，而对于高频振荡器而言，相位噪声的影响更加明显，相位噪声容易带来 OFDM 子载波之间正交性的失真。因此 5G NR 中特别设计了 PT-RS 以降低振荡器中相位噪声的影响。由于相位噪声对于频域上所有子载波的相位偏转影响是一致的，而对于时域上不同 OFDM 符号的影响是弱相关的，因此 PT-RS 采取了一种频域稀疏而时域稠密的样式进行设计。PT-RS 和 DMRS 一样，是 UE 专属信号，被限制在调度资源中进行传输，并且可以采取波束赋形。不同的是，PT-RS 只在 PUSCH 和 PDSCH 中传输，而 DMRS 还在 PUCCH 和 PBCH 中传输。

1）PSS/SSS（主辅同步信号）

PSS/SSS 用于时频同步、小区搜索。UE 进行下行时间同步、时钟同步、帧同步和符号同步，并获取小区 ID 等。NR 中小区 ID 的取值范围为 0~1007，共 1008 个 PCI。

与 LTE 不同，同步信号不一定要配置在中心频点的位置，可以配置在载波的任意一个位置上。PSS 和 SSS 都使用 PN 序列，在频域上占用 127 个 RE，在时域上占用一个符号。

2）DMRS（解调参考信号）

DMRS 用于 PDCCH\PDSCH\PBCH\PUCCH\PUSCH 估计相干检测、解调和时频同步。NR 取消了小区参考信号之后，数据解调和时频同步就依赖 DMRS。

带有 DMRS 的 PDCCH 对应的物理资源，如图 2-12 所示。

首先我们来看看 DMRS for PBCH。PBCH 信道的每个 RB 中有 3 个 RE 的 DMRS 导频，为避免小区间 PBCH DMRS 干扰，3GPP 中定义 PBCH 的 DMRS 在频域上根据小区 ID 错开。DMRS 在 PBCH 的位置（0+v，4+v，8+v，…），v 为 PCI 模 4 的值。图 2-13 中展示了用小区 ID 模 4 的值分别为 0、1、2、3 所对应的 PBCH DMRS 的位置。

接下来我们分析 DMRS for PDCCH。PDCCH 及其 DMRS 只支持单端口发射，DMRS 的扰码 ID 支持 UE 级配置（通过高层信令配置）或小区级配置（默认）。如图 2-14 所示，每个 REG 上有 3 个 DMRS RE，位于 1、5、9 这三个子载波上。

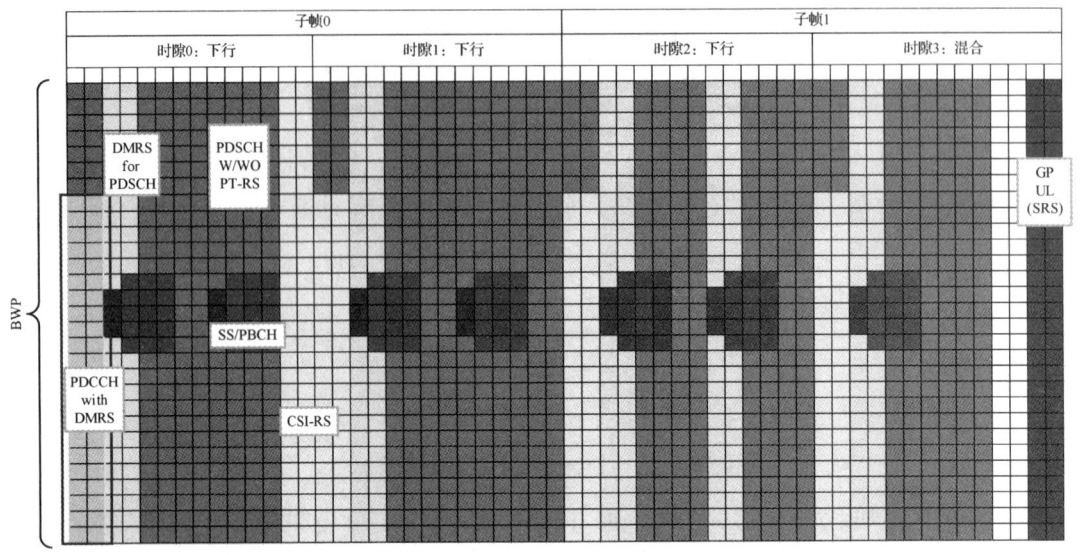

图 2-12 PDCCH 对应的物理资源

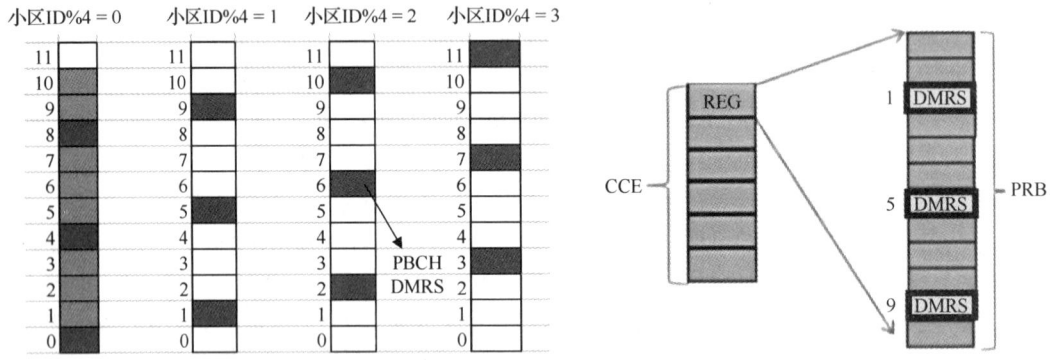

图 2-13 DMRS 资源映射　　　　图 2-14 DMRS 的 UE 级配置

　　DMRS for PDSCH 用于解调 PDSCH 的信道估计，分为低速场景和高速场景的配置。FL DMRS（前置 DMRS），占用 1~2 个符号，默认需要配置。Add DMRS（额外 DMRS），占用 1~3 个符号，高速场景下由高层参数 DMRS-Add-POS 配置有无和符号位置。FL DMRS（前置 DMRS）和 Add DMRS 如图 2-15 所示。

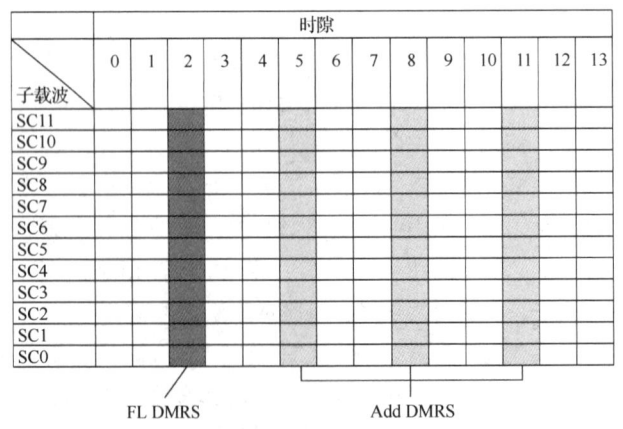

图 2-15 DMRS for PDSCH

3）PT-RS（相位跟踪参考信号）

PT-RS 是 NR 新引入的参考信号，适用于 PDSCH 信道。PT-RS 用于跟踪相位噪声变化，适用于高频相位噪声下，应对各种射频器引起的系统输出性变化。其时域位置从调度的 PDSCH 的第一个符号开始，避开 DMRS 所在的位置。其频域位置与 C-RNTI 和 PT-RS 的端口有关。

4）CSI-RS（信道状态信息参考信号）

CSI-RS 主要用于信道质量测量、波速管理、时频偏跟踪、RLM/RRM。

其中信道质量测量是指信道状态信息（CSI）测量。UE 上报的内容包括：CQI、PMI、RI（秩指示）、LI（Layer Indicator，层指示）。波束管理是指波束测量，UE 上报的内容包括：L1-RSRP、CRI。时频偏跟踪（Tracking RS）是指精细化时频偏跟踪。RLM/RRM 是指测量 UE 上报的内容，包括 CSI-RSRP/CSI-RSRQ/CSI-SINR。

CSI 的时域、频域、周期都是可以配置的。映射符号数：每个 CSI 资源在时域上占 1~4 个符号，具体位置由高层参数配置，如图 2-16 所示。

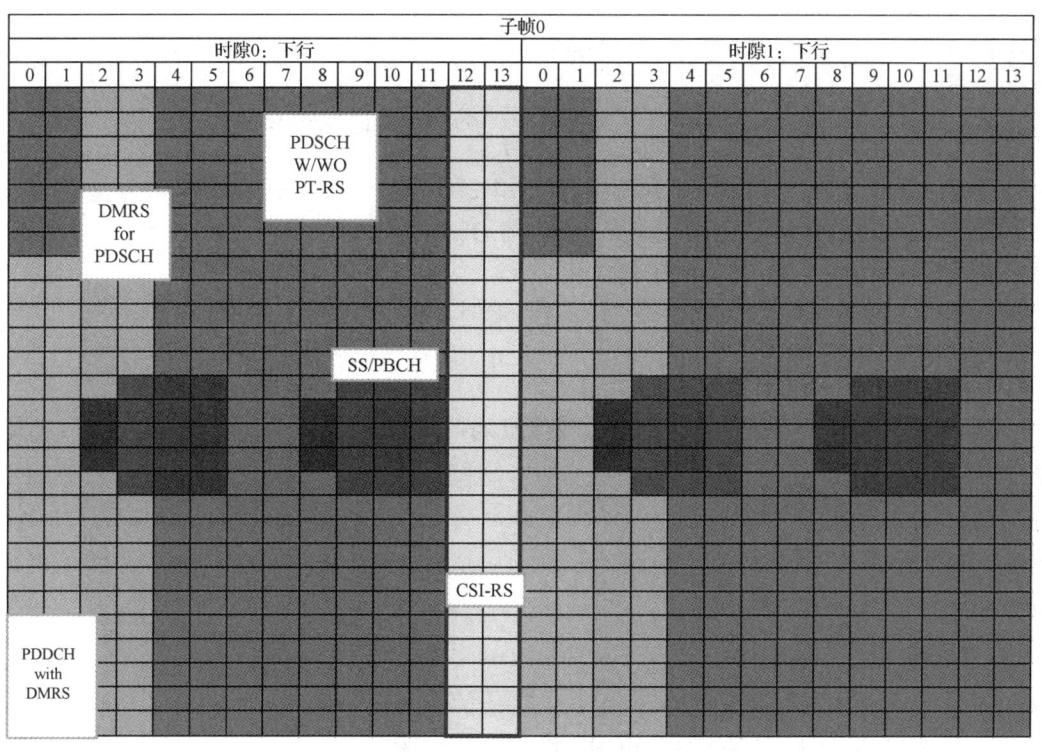

图 2-16　CSI-RS 配置

5）SRS（探测参考信号）

SRS 用于上行信道的测量、时频同步、波速管理，支持上行信道相关调度和链路自适应。基于上行 SRS，gNodeB 可以做出调度决策，并向 UE 提供关于资源和传输设置的信息。在上行 MIMO 的情况下，UE 配置有多个 SRS 端口。SRS 预编码可以通过数字波束赋形、射频波束赋形或数字波束赋形和射频波束赋形的混合来实现。SRS 波束赋形器可由 UE 确定，例如，基于信道互易性的下行信道估计。利用信道互易性，gNodeB 还可以使用上行 SRS 从上行信道估计中获取下行信道状态信息，并协助下行信道相关调度。

2.1.5 物理层过程

扫一扫看教学课件：5G物理层过程

1. 小区搜索与选择

小区搜索过程是 UE 和小区取得时间和频率同步，并检测小区 ID 的过程。其基本过程描述如下，如图 2-17 所示。

（1）UE 开机后按照 3GPP TS 38.104 定义的 Synchronization Raster（同步栅格）搜索特定频点。

（2）UE 尝试检测 PSS/SSS，UE 解调 PSS，实现符号同步，并获取小区组内 ID，UE 解调 SSS，获取小区组 ID，结合小区组内 ID，最终获取 PCI，实现下行时钟同步，如果失败则转步骤（1）搜索下一个频点，继续后续步骤。

（3）UE 根据 PBCH 尝试读取 MIB，获取 SSB 波束信息、系统帧号和广播 SIB1 的时频域信息。

（4）UE 读取 SIB1，获取上行初始 BWP 信息、初始 BWP 中的信道配置、TDD 小区的半静态配比及其他 UE 接入网络的必要信息等，同时获取广播 OSI（其他系统信息，SIB2～SIBn）的搜索空间信息。

（5）UE 读取 OSI，获取小区的其他信息（主要是移动性相关信息）。

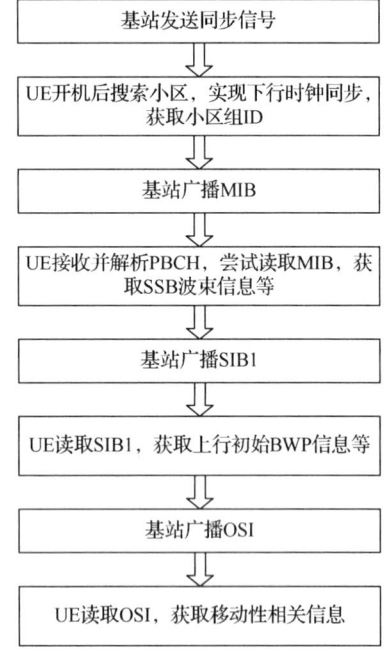

图 2-17 小区搜索

2. 随机接入

通信双方要实现相互通信，先决条件是建立通信双方之间的时间同步，对于 NR 也是如此。NR 下行同步通过广播同步信号实现，NR 上行同步则通过随机接入过程实现。

随机接入（Random Access，RA），是 UE 和网络之间建立无线链路的必经过程，是 5G 网络的基本功能。

1）随机接入可以实现的功能

（1）实现 UE 与 gNodeB 之间的上行同步（时间提前量 TA）；

（2）gNodeB 为 UE 分配上行资源（上行授权 UL_GRANT）；

（3）随机接入（MSG1 方式）还可实现订阅 OSI 的功能。

2）随机接入的分类

随机接入根据业务场景不同，可以分为基于竞争的随机接入和基于非竞争的随机接入，如表 2-12 所示。

表 2-12 随机接入的场景和竞争机制

序号	触发场景	场景描述	竞争机制	触发主体
1	初始 RRC 连接建立	当 UE 从空闲态转到连接态时，UE 会发起随机接入	基于竞争的随机接入	UE

续表

序号	触发场景	场景描述	竞争机制	触发主体
2	RRC 连接重建	当无线链路失步后,UE 需要重新建立 RRC 连接时,UE 会发起随机接入	基于竞争的随机接入	UE
3	RRC_INACTIVE 态向连接态迁移	当 UE 从 RRC_INACTIVE 态转到连接态时,UE 会发起随机接入	基于竞争的随机接入	UE
4	切换(包括 SA 和 NSA 的双重连接)	当 UE 进行切换时,UE 会在目标小区发起随机接入	基于非竞争的随机接入,但是在: 1. gNodeB 专用前导码用完时或者未获取 SSB 测量结果时,会使用基于竞争的随机接入; 2. gNodeB 给 UE 分配的专用前导码所在的波束不满足 UE 最低接入信号门限时,UE 会回退到基于竞争的随机接入	gNodeB RRC 信令
5	UE 处于上行失步态,且下行数据到达	当 gNodeB 检测到 UE 处于上行失步态且下行数据需要传输时,指示 UE 发起随机接入	基于非竞争的随机接入,但是在 gNodeB 专用前导码用完时,会使用基于竞争的随机接入	gNodeB PDCCH Order
6	上行失步态 UE 上行数据到达	当 UE 处于上行失步态且上行数据需要传输时,UE 将发起随机接入	基于竞争的随机接入	UE
7	订阅 ODOSI	—	MSG1 方式:基于非竞争的随机接入 MSG3 方式:基于竞争的随机接入	UE
8	波束失败恢复	UE 物理层检测到波束失败恢复	基于非竞争的随机接入,但是在 gNodeB 专用前导码用完时,会使用基于竞争的随机接入	UE

基于竞争的随机接入:由 UE 自行选择前导码(Preamble)进行接入,因此不同的 UE 之间可能存在冲突,需要通过竞争解决。

当 UE 处于 RRC 空闲/RRC 非激活态时,总是使用基于竞争的方式进行初始接入,因为此时网络侧和 UE 还没有建立 RRC 连接,UE 只能基于 SIB1 广播的 RACH 配置选择前导码,所以只能使用竞争方式。

当 UE 处于 RRC 连接态时,gNodeB 无法通过 RRC 信令或者 PDCCH Order 方式给 UE 分配专用前导码,则采用竞争方式接入。

基于非竞争的随机接入:特定的 RACH/PRACH 资源被保留下来,在某个时刻分配给某个 UE 专用。对于非竞争方式,一定是 UE 和 gNodeB 已经建立了 RRC 连接,gNodeB 可以通过 RRC 信令或者 PDCCH Order 方式给 UE 分配专用 Preamble，这时才可以采用非竞争方式接入。

3）随机接入的过程

（1）基于竞争的随机接入。

UE 的物理层的随机接入过程由高层触发。基于竞争的随机接入流程如图 2-18 所示，具体步骤如下。

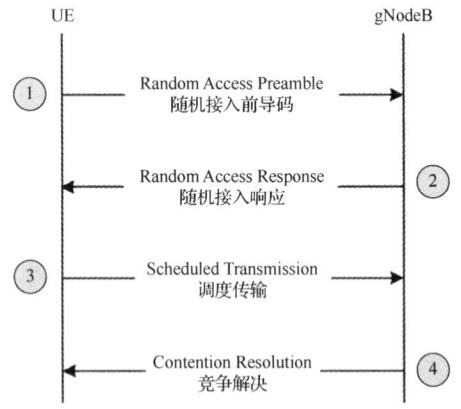

图 2-18　基于竞争的随机接入流程图

① UE 向基站发送随机接入前导码。

该消息为上行信息，由 UE 发送，gNodeB 接收。在高层指示的 PRACH 资源上，UE 选择要发送的前导码，向 gNodeB 的最优波束发射。

② 基站向 UE 发送随机接入响应消息。

在接收到前导码时，gNodeB 申请为 TC-RNTI、上行链路和下行链路调度资源。然后，gNodeB 通过 PDSCH 发送随机接入响应。响应包含随机接入前导码标识符、时间调整信息、初始上行链路调度和临时 C-RNTI。一个 PDSCH 可以携带随机接入响应到多个 UE。在 UE 发送前导码之后，它监视 PDCCH 并在随机接入响应窗口内等待随机接入响应。如果 UE 接收随机接入前导码标识符的响应，该标识符与包含所发送的随机接入前导码标识符一样，则响应成功。UE 然后发送上行链路调度信息。如果 UE 没有在随机接入响应窗口内接收到响应或未能验证响应，则响应失败。在这种情况下，如果随机接入尝试次数小于上限，则 UE 重试随机接入。否则，随机接入失败。

③ UE 向基站发送 MSG3 消息。

UE 通过 PUSCH 发送上行链路调度信息。UE 发送的信令消息和信息在不同的随机接入场景中不同，这里列出了一些示例。

在初始 RRC 连接建立中，UE 通过 RLC 层 TM 中的公共控制信道（CCCH）发送 RRC 建立请求消息。

在 RRC 连接重建中，UE 通过 RLC 层的 CCCH 用 TM 传输 RRC 重建请求消息。

在切换中，如果 UE 接入目标小区，并且在切换过程中没有专用的前导码，则触发基于竞争的随机接入，而不是基于非竞争的随机接入。UE 通过专用控制信道（DCCH）发送 RRC 切换确认消息和 C-RNTI。如果需要，还将携带缓冲区状态报告（BSR）。

其他场景：至少发送 UE 的 C-RNTI。

④ 基站向 UE 发送竞争判决消息。

在 UE 发送 MSG3 消息之后，4ms 的竞争解决定时器开始计时。gNodeB 使用 PDCCH 上的 C-RNTI 或 PDSCH 上的 UE 竞争解决标识 IE 来帮助 UE 进行竞争解决。UE 在定时器过期之前继续监视 PDCCH，当满足以下任一条件时，认为竞争解决成功并停止定时器：

- UE 通过 PDCCH 获得 C-RNTI。
- UE 通过 PDCCH 获得临时 C-RNTI，MAC-PDU 被成功解码。具体地说，通过 PDSCH 接收到的 UE 竞争解决标识 IE 与 UE 发送的 MSG3 消息中携带的相同。

如果竞争解决定时器过期，UE 将考虑竞争解决失败。如果随机接入尝试次数未达到上限，则 UE 再次执行随机接入。如果随机接入尝试次数达到上限，则随机接入失败。

（2）基于非竞争的随机接入。

基于非竞争的随机接入流程如图 2-19 所示。

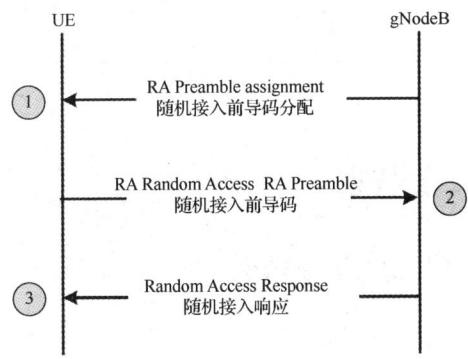

图 2-19 基于非竞争的随机接入流程图

① 随机接入前导码分配。

gNodeB 向 UE 分配随机接入前导码，并使用 RRC MSG 或 DCI 发送它。这里列出了一些场景。

在切换场景下，源 gNodeB 发送分配的前导码。

当下行数据到达 gNodeB 时，gNodeB 通过 PDCCH 上的 DCI 命令 UE 启动随机接入，PDCCH 携带分配的前导码。

② 随机接入前导码。

③ 随机接入响应。

gNodeB 发送随机接入响应。在切换场景下，随机接入响应必须包含时间调整（TA）信息和初始上行链路调度信息。当下行数据到达 gNodeB 时，随机接入响应必须包含定时对准信息和随机接入前导码标识符（RAPID）。

思考与练习题 4

1. OFDM 即（　　），是一种能够充分利用频谱资源的多载波传输方式。
2. OFDM 利用（　　）和（　　）来实现调制和解调。
3. NR 的物理层信道相比于 LTE 的物理信道减少了（　　）和（　　），在下行物理信道上，NR 只保留了 PBCH、PDCCH 和 PDSCH 三个物理信道。

4. 5G 的 NR 中，3GPP 主要指定了两个频段，一个通常称为 Sub 6GHz，另一个为（　　）。

5. 随机接入简称（　　），是 UE 和网络之间建立无线链路的必经过程，是 5G 网络的基本功能。

6.（　　）是 NR 新引入的参考信号，适用于 PDSCH 信道，用于跟踪高频相位噪声变化。

反思 4

通过学习本任务，反思不足的地方：

_____

_____

_____

_____

任务 2.2　了解 5G 关键技术

扫一扫看教学课件：
Massive MIMO 与毫米波技术

2.2.1　Massive MIMO 与毫米波技术

扫一扫看微课视频：
Massive MIMO 与毫米波技术

1. Massive MIMO

LTE 移动网络为大家的生活带来了翻天覆地的变化，但我们不难发现在同一个无线网络内，网速会随着 UE 的增多而下降。尤其在机场、地铁站、商场等场景下，不管用的是什么手机，在人多的时候，网速都是较慢的。那么，为什么会出现这种情况呢？因为无线频谱资源是有限的，在 LTE 无线网络技术下，带宽对小区内所有 UE 共享，随着新应用不断出现，人们对流量的需求越来越大，最终使用户体验大打折扣，所以，Massive MIMO——大规模多输入多输出/大规模天线技术应运而生。Massive MIMO 在空间对不同的用户进行独立的窄波束覆盖，能同时传输不同用户的数据，从而提升系统吞吐量。

Massive MIMO 是第五代移动通信（5G）中提高系统容量和频谱利用率的关键技术。它最早由美国贝尔实验室研究人员提出。研究发现，当小区的基站天线数目趋于无穷大时，加性高斯白噪声和瑞利衰落等负面影响全都可以忽略不计，数据传输速率能得到极大提高。传统的 TDD 网络基本采用 2 天线、4 天线或 8 天线，而 Massive MIMO 通道数可以达到 64/128/256 个。传统的 MIMO 称为 2D-MIMO。如图 2-20 所示，以 8 天线为例，实际信号在做覆盖时只能在水平方向移动，垂直方向是不动的，信号以类似平面的形式发射出去。而

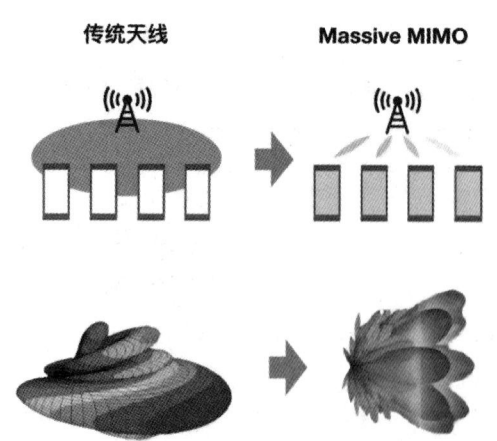

图 2-20　传统天线与 Massive MIMO 信号传播图

Massive MIMO 在信号水平维度空间基础上引入垂直维度的空域进行利用,信号的辐射呈电磁波束状,所以 Massive MIMO 也称为 3D-MIMO。

1)为什么 5G 可以集成大规模天线

在高频中,频率越高,波长越短,天线振子的体积越小,从而在单位面积可以集成更多的天线振子,其基站天线数量远大于传统 MIMO,能有效提高系统容量和频谱效率。以 MIMO 技术为基础,Massive MIMO 在发射端和接收端分别使用多个发射天线和接收天线,使信号通过发射端和接收端的多个天线传送和接收,从而改善通信质量。

由图 2-21 可以看出,20×20 的天线阵列的波束辐射的距离更远,其次是 10×10 的天线阵列,最近的是 4×4 的天线阵列。实验数据表明,使用有限的 64T64R 的 Massive MIMO,可大幅提升单用户链路性能(近 10 倍)和系统容量(4~8 倍)。

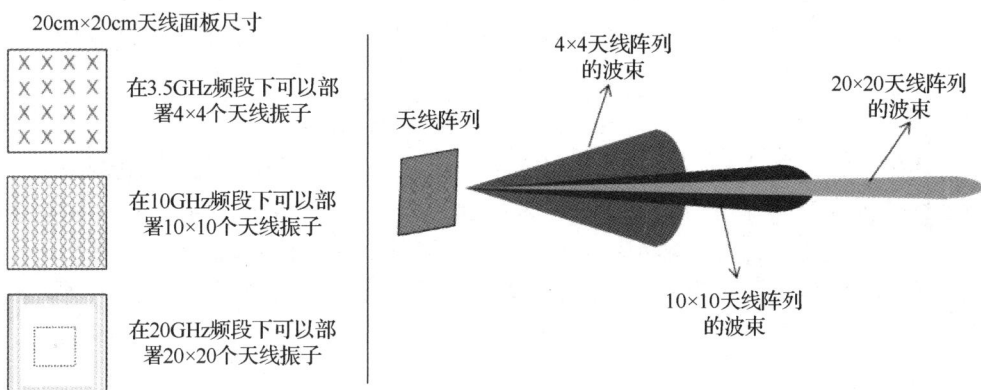

图 2-21 天线阵列波束示意图

2)Massive MIMO 的优点

(1)高复用增益和分集增益。Massive MIMO 系统的空间分辨率与现有 MIMO 系统相比显著提高,它能深度挖掘空间维度资源,使得基站覆盖范围内的多个用户在同一时频资源上利用 Massive MIMO 提供的空间自由度与基站同时进行通信,提升频谱资源在多个用户之间的复用能力,从而在不增大基站密度和带宽的条件下大幅度提高频谱效率。

(2)高能量效率。Massive MIMO 系统可形成更窄的波束,集中辐射于更小的空间区域内,从而使基站与 UE 之间的射频传输链路上的能量效率更高,减少基站发射功率损耗,是构建未来高能效绿色宽带无线通信系统的重要技术。

(3)高空间分辨率。Massive MIMO 系统具有更好的稳健性。由于天线数目远大于 UE 数目,系统具有很高的空间自由度和很强的抗干扰能力。从数学原理上来讲,当空间传输信道所映射的空间维度趋向于无限大时,两两空间信道就会趋向于正交,从而可以对空间信道进行区分,大幅降低干扰。虽然从理论上看,天线数越多越好,系统容量也会成倍提升,但也要考虑系统实现的代价等多方面因素。

2. 毫米波通信

毫米波指波长为 1~10mm,频率为 30GHz~300GHz 的电磁波。如图 2-22 所示,它位于微波与远红外光波相交叠的波长范围,因而兼有这两种波谱的特点。毫米波的理论和技术分别是微波向高频的延伸和光波向低频的发展。

5G 基站运行与维护

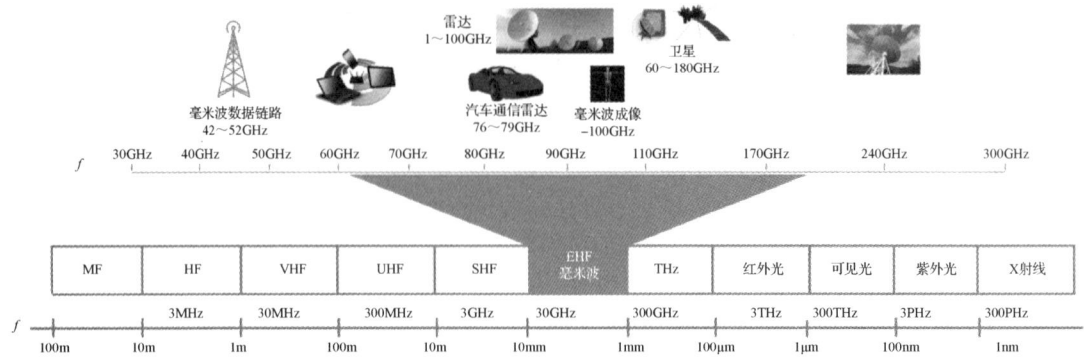

图 2-22 毫米波应用

1）为什么 5G 系统会考虑高频频段的毫米波

5G 为了提升吞吐量，主要从三个方面着手：更高的频谱效率、更密集的站点部署及更大的带宽。

$$C = B\log_2(1+S/N)$$

从上述香农定理公式可以得出，吞吐量（C）跟带宽（B）是成正比的。目前只有高频频段才有连续的数百 MHz 甚至 1GHz 的带宽未被分配及使用，这样的宽带可以实现数十 Gbit/s 的峰值速率。并且基于高频传播特性，高频站点可以进行密集的基站部署，支持单位面积吞吐量高的指标。虽然高频毫米波覆盖范围受限，但容量巨大，所以在 eMBB 场景下，高频毫米波非常适合应用于热点覆盖。

2）毫米波的优点

（1）极宽的带宽。毫米波带宽高达 273.5GHz，超过从直流到微波全部带宽的 10 倍。即使考虑大气吸收，在大气中传播时只能使用四个主要窗口，这四个窗口的总带宽也可达 135GHz，为微波以下各波段带宽之和的 5 倍。毫米波可用频段宽，配合各种多址复用技术的使用可以极大地提升信道容量，适用于高速多媒体传输。

（2）波束窄，方向性好。在相同天线尺寸下毫米波的波束要比微波的波束窄得多。例如一个 12cm 的天线，在 9.4GHz 时波束宽度为 18°，而在 94GHz 时波束宽度仅为 1.8°。因此可以分辨相距更近的小目标或者更为清晰地观察目标的细节。毫米波方向性好。毫米波容易被空气中各种悬浮颗粒物吸收，使得传输波束较窄，适合短距离点对。

（3）波长极短。毫米波波长极短，所需的天线尺寸很小，易于在较小的空间内集成大规模天线阵。

（4）可靠性高。毫米波可靠性高，较高的频率使其很少受干扰。

3）毫米波的缺点

（1）路径损耗大，不容易穿过建筑物或者障碍物，不适合远程传输。

（2）受空气和雨水等影响较大，容易被雨水和树叶吸收。

（3）频率较高，波长较短，绕射能力差。

（4）高频器件的实现难度较大。

2.2.2 SDN/NFV 和网络切片

传统电信网络网元封闭，运营复杂度高，面对不断丰富和快速变化的用户侧业务，网络

业务创新难、融合难日益凸显。未来网络架构一定分为整体架构演进、接入网演进、骨干网演进三个方面，演进的趋势分别是智能化/虚拟化、移动化、IP 化/光纤化，信息基础建设以云存储中心+云计算中心+物联网为主。在这个演进的趋势下，一些网络关键技术诞生。

1. SDN

传统的网络设备（交换机、路由器）的固件由设备制造商锁定和控制，所以人们希望将网络控制与物理网络拓扑分离，从而摆脱硬件对网络架构的限制。

1）SDN 的定义

SDN（Software Defined Network，软件定义网络），是一种新型的、控制与转发分离、直接可编程的网络架构。它的核心理念是，希望应用软件可以参与对网络的控制管理，满足上层业务需求，通过自动化业务部署简化网络运维。传统网络设备紧耦合的网络架构被分拆成应用、控制、转发三层分离的架构。

如图 2-23 所示，SDN 的控制功能被转移到服务器上，上层应用、底层转发设施被抽象成多个逻辑实体。应用层不同的应用逻辑通过控制层开放的 API 管理能力控制设备的报文转发功能。控制层由 SDN 控制软件组成，与下层可用 OpenFlow 协议通信。基础设施层由转发设备组成。SDN 的特点：控制转发分离，支持第三方控制面设备通过 OpenFlow 等开放式协议远程控制通用硬件的交换/路由功能；控制平面集中化，提高了路由管理灵活性，加快业务开通速度，简化运维；转发平面通用化，多种交换路由功能共享通用硬件设备；控制器软件可编程，可通过软件编程方式满足客户定制化需求。

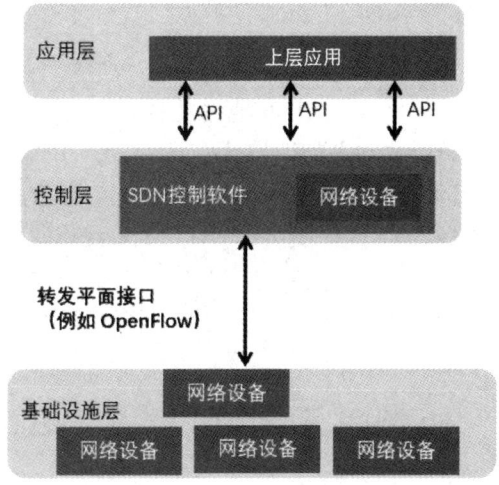

图 2-23　SDN 的网络架构

2）SDN 的主要特征

（1）网络资源虚拟化。逻辑网络可以根据业务需要配置、迁移，不受物理位置的限制，支持逻辑网络和物理网络分离。

（2）网络控制集中化。支持网络资源的集中控制，使得全局优化成为可能，支持设备零配置即插即用，大大降低运维成本。

（3）网络能力开放化。应用和网络的无缝集成，可更好地满足应用（业务的带宽、时延需求，路由的成本）等的需求。

SDN 的具体实现和部署技术还在不断演进之中，基于 SDN 技术打造和部署创新型网络的共识正在逐渐形成。SDN 将会改变网络架构、编程和管理的方式。网络将会变得更加敏捷、灵活和节约成本。但是，像很多 IT 创新技术一样，SDN 需要一些时间来发展。

2．NFV

5G 核心网络要面向多连接和多样化业务，需要能够像积木一样灵活部署，方便业务快速上线/下线，满足人们日益增长的数据业务需求。采用 NFV 技术可将软件和硬件解耦，硬件由通用服务器统一部署，软件部分由不同 NF（Network Function，网络功能）承担，从而实现灵活组装业务的需求。

从 2G 时代开始，通信核心网设备都有专有硬件和专用软件，软硬件强关联。随着新业务的不断增加，设备数量也越来越多，一方面导致网络建设成本增加，另一方面导致网络规模受限，业务扩展、商用建设周期较长，同时维护成本较高。为了解决以上问题，在 4G 时代后期，通信专家就逐步将 IT（Information Technology，信息技术）行业的虚拟化技术引入 CT（Communication Technology，通信技术）行业，通过采用虚拟化技术、基于通用硬件实现电信功能节点的软件化，使得网络功能不再依赖于专用硬件，资源可以充分灵活共享，实现新业务的快速开发与部署。

1）NFV 的概念

NFV（Network Function Virtualization，网络功能虚拟化），就是将传统的 CT 业务部署到云平台上（云平台是指将物理硬件虚拟化所形成的虚拟机平台，能够承载 CT 和 IT 应用），从而实现软硬件解耦。

2）NFV 的架构

众所周知，电信网络对设备的可靠性和其他性能有严格的要求，对设备的可维护性要求也比较高。ETSI NFV ISG 定义了端到端的架构，描述了 NFV 的架构，如图 2-24 所示。NFV 架构中包括硬件资源、虚拟资源、虚拟功能网元、运营支持系统/商业支持系统（OSS/BSS）、虚拟化基础设施管理器（VIM）、VNF 管理器（VNFM）、NFV 调度器（NFVO）。

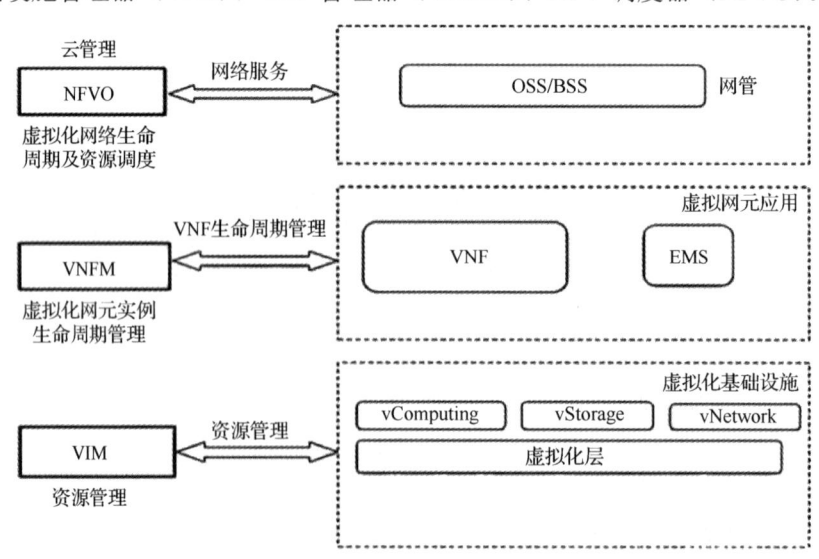

图 2-24　NFV 的架构

从纵向看 NFV 的架构设计，网络分为三层：基础设施层、虚拟网络层和运营支撑层。

基础设施层（NFVI）：从云计算的角度看，NFVI 就是一个资源池，映射到物理基础设施上就是多个地理上分散的数据中心，通过高速通信网连接起来。NFVI 需要将物理计算/存储/交换资源通过虚拟化转换为虚拟的计算/存储/交换资源池。

虚拟网络层：对应的就是目前各个电信业务网络，各个物理网元映射成一个虚拟网元，称为 VNF，VNF 所需要的资源被分解为虚拟的计算、存储和交换资源。

运营支撑层：目前的 OSS/BSS 系统，需要对虚拟化进行必要的修改和调整。

NFV 网络从横向看，分为业务网络域和管理编排域。业务网络域就是目前的各电信业务网络。NFV 同传统网络最大的区别就是增加了一个管理编排域。其负责对整个 NFVI 资源的管理和编排，负责业务网络和 NFVI 资源的映射和关联，负责网管业务资源流程的实施等。

3）SDN 与 NFV 的区别

SDN 更多的是架构上的革新，比如转发控制分离，控制层由 SDN 控制器做配置下发，转发器只完成转发功能。

NFV 把硬件和软件解耦，由以硬件的形式提供增值服务，变成以软件的形式来提供增值服务，从而实现软硬件解耦。这类部署方式的移植性更强，可以按需安装、删除等，维护升级更方便，升级灵活，只需要升级软件代码即可。

SDN 和 NFV 在实现网络自动化过程中可以说是相辅相成的，SDN 突出的是网络架构上的变化，NFV 突出的是增值服务产品形态的变化，可方便快捷地把网元功能部署在网络中任何位置，同时对通用硬件资源实现按需分配和动态伸缩，以达到最优的资源利用率。

3. 网络切片

5G 网络能同时应对大量的差异化场景需求，需要一个融合核心网，于是提出了 5G 阶段的开放网络架构的服务和运营需求。通过虚拟化将一个物理网络分成多个虚拟的逻辑网络，每个虚拟网络对应不同的应用场景，这就是网络切片。

网络切片是一组网络功能（Network Function）及其资源的集合，由这些网络功能形成一个完整的逻辑网络，每个逻辑网络都能以特定的网络特征来满足对应业务的需求，通过网络功能和协议定制，网络切片为不同业务场景提供匹配的网络功能。其中每个切片都可独立按照业务场景的需要和话务模型进行网络功能的定制、剪裁和相应网络资源的编排管理，是对 5G 网络架构的实例化。

如图 2-25 所示，5G 端到端网络切片是指将网络资源灵活分配，按需组网，基于 5G 网络虚拟出多个具有不同特点且互相隔离的逻辑子网，每个端到端网络切片均由无线网、传输网、核心网子切片组合而成，并通过端到端切片管理系统进行统一的管理，支持在公共物理基础设施上部署特定用例的通信服务。这些用例可能涉及满足不同需求的应用程序，例如 uRLLC、mMTC 或 eMBB。

网络切片使网络资源与部署位置解耦，支持切片资源动态扩容/缩容调整，提高网络服务的灵活性和资源利用率。切片的资源隔离特性增强了整体网络的健壮性和可靠性。有些网络功能和资源可以在多个切片之间共享。另外，需要考虑网络功能定义的粒度选择，粒度如果选择得太细，在带来灵活性的同时会带来巨大的复杂性。对不同功能组合及切片应用需要进行复杂的测试，而且不同网络之间的互操作性问题不可忽视。所以，需要确定一个合适的功能粒度，在灵活性和复杂性之间取得平衡。

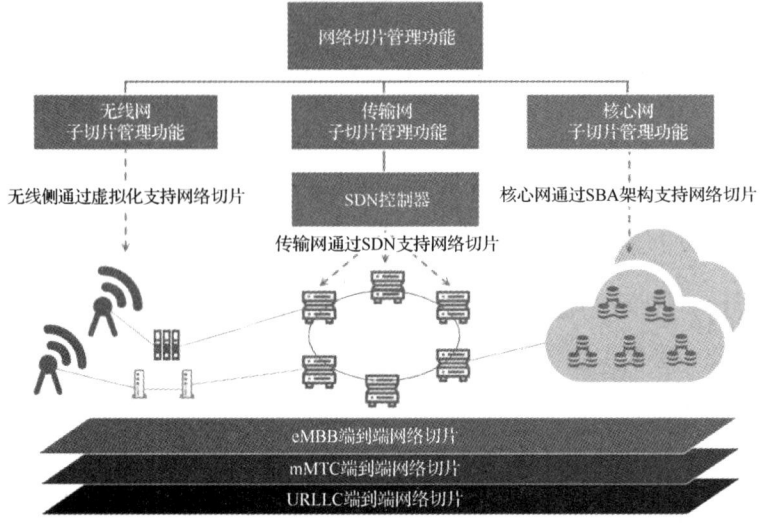

图 2-25 网络切片

2.2.3 MEC 和 UDN 技术

扫一扫看教学课件：MEC 与 UDN 技术

扫一扫看微课视频：MEC 与 UDN 技术

1. MEC

边缘计算技术是 ICT 融合的产物，是支撑运营商进行 5G 网络转型的关键技术，以满足高清视频、VR/AR、工业互联网、车联网等业务的发展需求。

1) MEC 的概念

MEC (Multi-access Edge Computing，多接入边缘计算)，以边缘网络+边缘计算资源为基础，提供连接、计算、能力、应用的积木式组合，为用户就近提供服务。

如图 2-26 所示，其基本思想是把云计算平台从移动核心网内部迁移到移动接入网边缘，实现计算及存储资源的弹性利用。其实质是降低时延，核心层面的处理器下沉意味着业务处理能力的下移，能力下放，MEC 可以自由掌握、处理问题，而不需要层层上报，这就极大地缩短了业务请求上报、响应的时间，处理速度快，自然能够非常有效地提升用户体验。

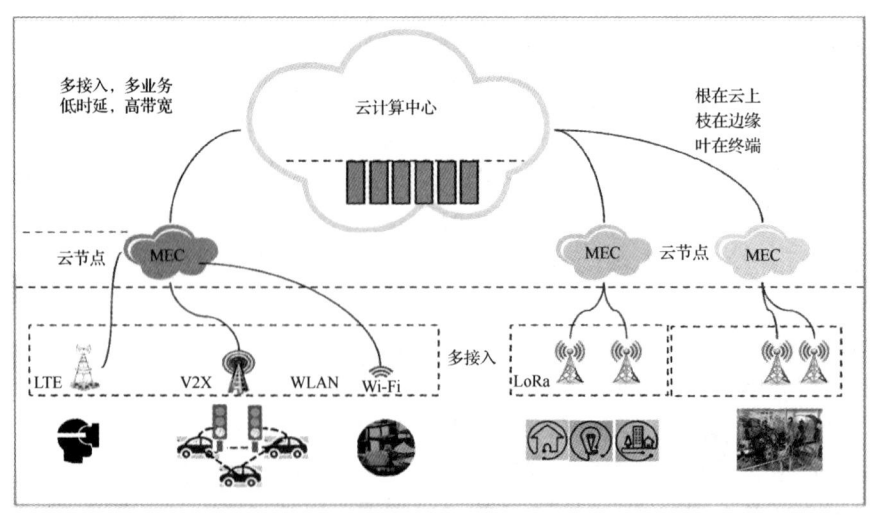

图 2-26 MEC 的运行

2）MEC 的优点

MEC 就近提供用户所需服务和云端计算功能，创造出具备高性能、低延迟与高带宽的服务环境，加速网络中各项内容、服务及应用的快速下载，让消费者享有不间断的高质量网络体验。它的优势如下：

（1）网络与业务协同，实现差异化、定制化、灵活路由，打造低时延、高带宽的智能连接；

（2）云边能力协同，延展云服务边界，改善云服务质量，打造便捷的、无处不在的云；

（3）提供以"连接+计算"为基础，以连接为切入点，计算、能力、应用灵活组合的全新服务，突破业务边界。

目前，MEC 发展还面临三大挑战。传统的核心网目前还处于紧耦合阶段，边缘计算技术的关键部件需要进行解耦，这需要标准规范的开放性。目前业内聚焦 MEC 的应用主要集中在移动方面，而许多行业应用本来就基于固定网络，如何实现固定和移动的融合，为客户提供固定、移动融合的行业升级方案，仍有许多问题待探讨。核心网的一些关键网元向边缘延伸，MEC 在实现的同时需要边缘设备和运营商通信核心网有很多协同，会带来云边协同需求，如何来满足这种需求仍是一个问题。

2. UDN

在 5G 的热点高容量典型场景中，为满足高频率、高流量密度、高峰值速率和用户体验速率的性能指标要求，将基站间距进一步缩小，使各种类型的基站组成宏微异构的超密集组网（UDN）架构。

1）UDN 的概念

UDN（Ultra Dense Network，超密集组网）是通过减小小区半径、密集部署传输节点、增加同样覆盖范围内的小区数，达到提升系统容量目的的技术。超密集组网提高了基站部署密度，可实现频率复用效率的巨大提升。考虑到频率干扰、站址资源和部署成本，超密集组网可在局部热点区域实现百倍级的容量提升，其主要应用场景为办公室、住宅区、密集街区、校园、大型集会现场、体育场和地铁等。超密集组网可以带来可观的容量增长，但是在实际部署中，站址的获取、成本、干扰严重、切换频繁、业务匹配都是超密集小区需要解决的问题。

2）超密集组网关键技术

如图 2-27 所示，超密集组网引入关键技术 D-MIMO（分布式多天线）、Virtual Cell（小区虚拟化技术）、Smart Cell（小区智能化），可以转化多个基站的干扰信号为有用信号，且服务集合随小区移动不断更新，始终使用户处于小区中心，实现小区虚拟化，改善用户体验。

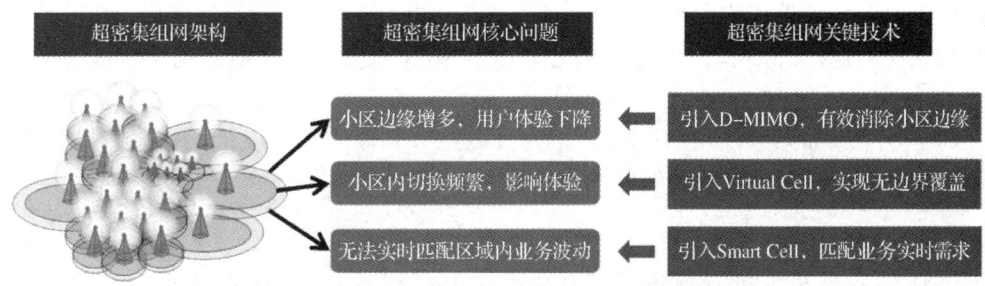

图 2-27　超密集组网关键技术

（1）D-MIMO 技术：在同频组网场景下，随着站点数量增加和站点密度增大，小区间重叠覆盖度增加，同频干扰问题严重，一方面广播信道（包括控制信道和参考信号）干扰增大，导致用户接入受限；另一方面边缘区域增加导致边缘用户业务信道性能下降，从而导致站点增加带来的吞吐量提升非常有限，特别是小区边缘用户的体验很难保证。D-MIMO 技术可解决干扰问题并提升单位面积容量，其核心思想是转化干扰信号为有用信号，由多组天线联合发送，从而提升频谱效率，进而提升网络容量。

D-MIMO 时常会拿来与 Massive MIMO 技术做对比，实际上两者完全不是一回事。Massive MIMO 是需要硬件承载的一种技术形态的落地，D-MIMO 是一种组网技术，偏软件化。Massive MIMO 不但可提升小区边缘速率，还可提升小区中心速率，D-MIMO 则主要对边缘速率有大幅提升，对中心速率没有提升，甚至在某些场景下，还略有降低，两者相辅相成，可以协同组网。

（2）Virtual Cell（小区虚拟化）：小区虚拟化是解决边界效应的关键，虚拟小区打破了以蜂窝小区为中心的传统移动接入网理念，转变为完全以用户为中心的接入网络。即每个接入网络的用户拥有一个跟用户相关的虚拟小区，该小区由用户周边的几个物理小区组成，物理小区之间彼此协作，共同服务于该用户。当用户在网络中移动时，该虚拟小区包含的物理小区动态变化，但虚拟小区 ID 保持不变，因而在用户移动过程中没有切换发生。无论用户身在何处，都能得到来自周边多个物理小区的良好信号覆盖和最佳的接入服务。虚拟小区是移动接入理念的一次革命，真正实现了从"用户找网络"到"网络追用户"的转变。虚拟小区随着用户的移动快速更新，并保证虚拟小区与终端之间始终有较好的链路质量，使得用户在超密集部署区域中无论如何移动，均可以获得一致的高 QoS/QoE。

（3）Smart Cell：Smart Cell 技术，自适应小小区分簇，通过调整每个子帧、每个小小区的开关状态动态形成小小区分簇，关闭没有用户连接或者无须提供额外容量的小小区，从而降低对邻近小小区的干扰。

2.2.4　上下行解耦与 BWP 技术

1. 上下行解耦

从 1G 到 4G，蜂窝通信技术都是按单频段设计的，FDD 频段上下行成对，TDD 上下行共用同频段，即手机与基站在上下行方向上是绑定在一起的，不可分割。但是，这种设计一直存在一个问题——上下行不平衡。具体说来，下行链路上的宏基站与上行链路上手机终端的发射功率具有相当大的差异，宏基站可以以上百瓦的功率进行发射，而手机的发射功率通常仅在毫瓦级。手机的发射功率太小限制了小区覆盖范围。众所周知，电磁波的频率越高，其在传播过程中随传播距离的衰减越严重，而在 5G 时代，使用的频段越来越高，加上基站侧大规模阵列天线增益、TDD 模式下时隙配比差异，将会导致这种上下行覆盖不平衡的现象越发严重。

在 2017 年 6 月的 MWC 上海展上，华为公司提出了一种新型的上下行解耦技术，该技术打破上下行绑定与同一频段的传统限制，能够有效解决上下行不平衡的问题。

1）上下行解耦的概念

上下行解耦定义了新的频谱配对方式，使下行数据在 C-Band 传输，而上行数据在 Sub 3GHz 传输，从而扩大了上行覆盖范围。基于这种上下行解耦的部署策略，如图 2-28 所示,在上行覆盖受限区域中,下行数据在 C-Band 传输,而上行数据在 Sub 3GHz(如 1.8GHz)传输,从而扩大了上行覆盖范围。根据 LTE FDD 空闲程度,将其灵活分配给 5G 上行使用,实现 5G 与 LTE 的并存。

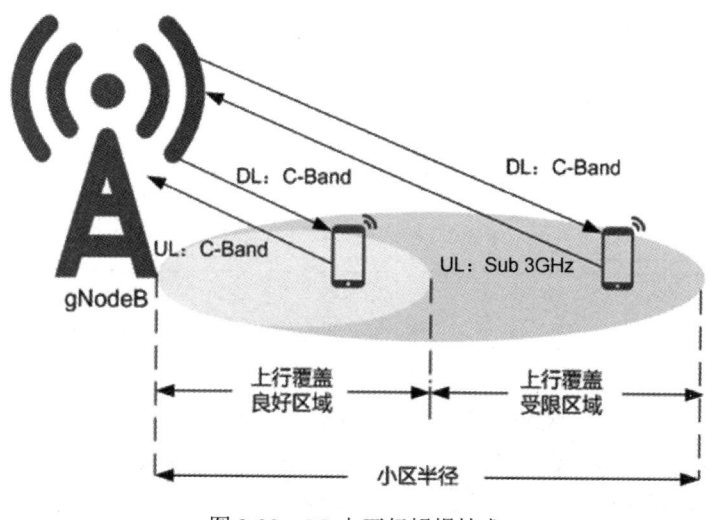

图 2-28　5G 上下行解耦技术

通过上下行解耦技术,NR 支持在一个小区中配置多个上行载波 n80-n84,该上行载波称为增补上行(SUL)载波。

2)上下行解耦的优点

(1)NR 小区边缘上行吞吐率提升,小区边缘用户体验得到改善。

(2)上下行解耦技术可以扩大 NR 小区上行覆盖范围,使接入用户数增加,提升频谱利用率。

(3)上下行解耦技术可以有效降低 NR 的时延。SUL 载波上的发送方式可配置为连续的上行发送方式,这样就可在最短的时间内,既完成下行数据的反馈,又完成上行数据的发送,从而大大降低整个系统的时延。

(4)通过上下行解耦,可以有效减少 NR 和 LTE 之间的切换,改善移动场景中的用户体验。

扫一扫看微课视频:BWP 技术

2. BWP

5G 的带宽最小为 5MHz,最大为 400MHz。如果要求所有终端(UE)都支持 400MHz,无疑会对 UE 的性能提出较高的要求,一个 UE 需要使用的带宽往往有限。如果让 UE 实时进行全带宽的检测和维护,UE 的能耗将很大。因此,BWP 就应需而生。

1)BWP 的概念

BWP(Bandwidth Part,部分带宽)的引入就是在整个大的载波内划出一部分带宽给 UE 进行接入和数据传输。UE 只需在系统配置的这部分带宽内进行相应的操作。BWP 定义为一个载波内连续的多个资源块(Resource Block,RB)的组合。有时也用 Bandwidth Adaptation 指代这个技术,即带宽自适应变化,UE 的带宽可以动态地变化。如图 2-29 所示,系统配置了 3 种不同的 BWP。

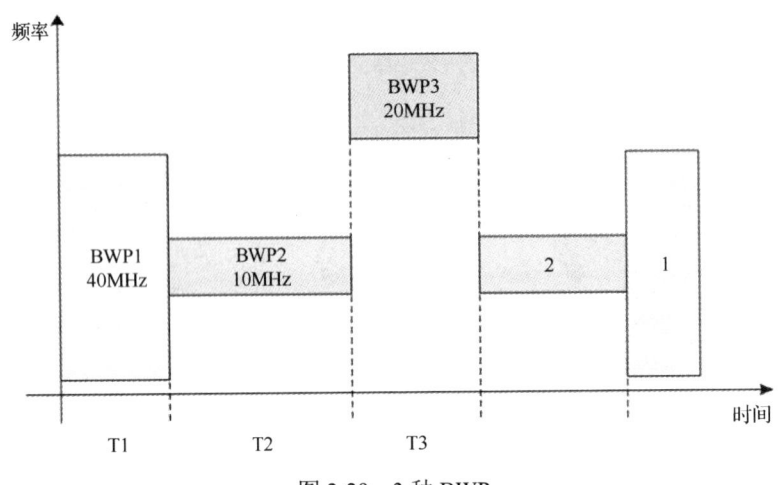

图 2-29　3 种 BWP

T1：UE 的业务量较大的系统，初始分配给 UE 的 BWP1 对应的带宽是 40MHz，每个 PRB（物理资源块）占用 15kHz。BWP1：40MHz 带宽，SCS（子载波间隔）为 15kHz。

T2：当系统感知到 UE 的业务量降低时，通知 UE 使用 BWP2 执行业务。BWP2 的带宽是 10MHz，每个 PRB 占用 15kHz。这期间 UE 使用较低的带宽，UE 消耗的功率随之降低。BWP2：10MHz 带宽，SCS 为 15kHz。

T3：当 UE 需要执行特定类型的业务，需要特殊的子载波带宽，或者系统发现 BWP1 所在带宽内有大范围频率选择性衰落，或者 BWP1 所在频率范围内资源较为紧缺时，系统配置 BWP3 给 UE。BWP3：20MHz 带宽，SCS 为 60kHz。

2）BWP 的类型

BWP 可以分为以下 3 种类型。

（1）Initial BWP：用 UE 接入前的信息接收，主要用于接收 SIB 和 RA 相关信息，一般在空闲态时使用。

（2）First Active BWP：第一个 UE 专有 BWP，UE 可在这个 BWP 上进行数据的收发和 PDCCH 检索。

（3）default BWP：UE 专有 BWP，在 RRC Reconfiguration 中配置给 UE 的。如果没有配置，则将 Initial BWP 认为是 default BWP。

BWP 是整个带宽上的一个子集，每个 BWP 的大小，以及使用的 SCS 和 CP（循环保护间隔）都可以灵活配置。在 NR FDD 系统中，一个 UE 最多可以配置 4 个 DL BWP 和 4 个 UL BWP。在 NR TDD 系统中，一个 UE 最多配置 4 个 BWP 对。BWP 对是指 DL BWP ID 和 UL BWP ID 相同，并且 DL BWP 和 UL BWP 的中心频点一样，但是带宽和子载波间隔可以不一致。但要注意的是，BWP 的带宽必须大于或等于 SSB，但是 BWP 中不一定包含 SSB。对同一个 UE 来说，DL 或 UL 同一时刻只能有一个 BWP 处于激活状态，UE 在这个 BWP 上进行数据的收发和 PDCCH 检索。

3）BWP 的优点

BWP 的优点非常明显，主要表现在以下方面。

（1）UE 无须支持全部带宽，只需要满足最低带宽要求即可，有利于低成本 UE 的开发，促进产业发展。BWP 在整个频段的位置如图 2-30 所示。

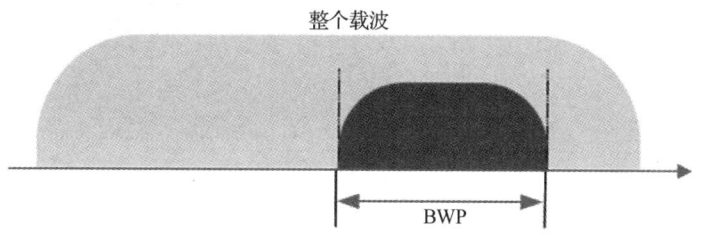

图 2-30　BWP 在整个频段的位置示意图

（2）当 UE 业务量不大时，UE 可以切换到低带宽运行，不同带宽的 BWP 之间的转换和自适应可降低 UE 的电量消耗。不同带宽的 BWP 如图 2-31 所示。

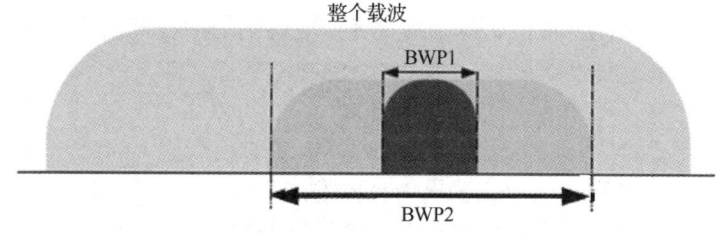

图 2-31　不同带宽的 BWP

（3）通过切换 BWP 可以变换空口参数集，如图 2-32 所示。

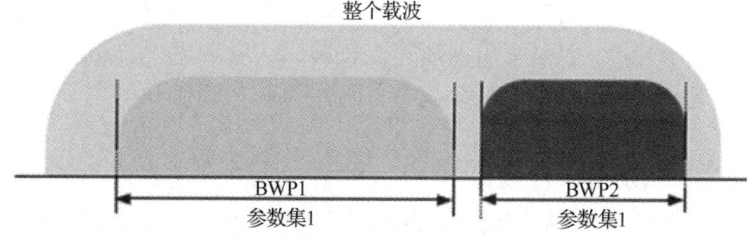

图 2-32　跟随 BWP 切换的空口参数集变换

（4）根据话务需求来优化无线资源的利用，并降低系统间的干扰。载波中可以配置不连续的 BWP 频段，如图 2-33 所示。

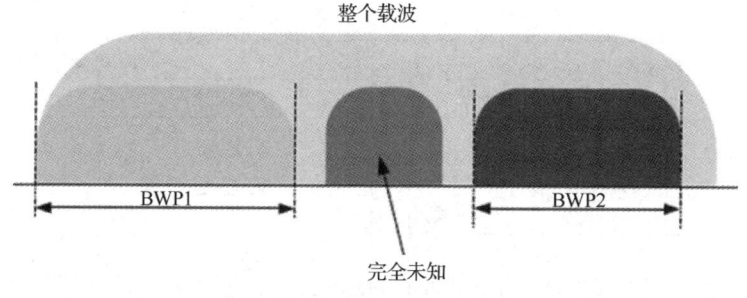

图 2-33　不连续的 BWP 频段

（5）5G 技术可前向兼容，载波中可以预留频段，如图 2-34 所示，用于支持尚未定义的传输格式。当 5G 添加新技术时，可以直接使新技术在新的 BWP 上运行，保证了系统的前向兼容。

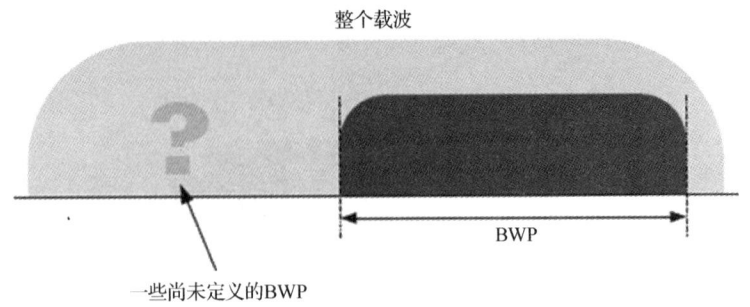

图 2-34 预留 BWP 频段

不过世界上没有完美的技术，任何技术都有自身的优势和劣势。BWP 虽然能提高 5G 的灵活性、降低其功耗等，但会使 5G 系统的设计更加复杂，特别是在协议处理方面，会遇到更复杂的计算情况。但随着硬件性能、算力的提升，更优化的接收算法的出现，BWP 技术终将克服这些问题，在 5G 中大放异彩。

2.2.5　5G 编码技术

快递公司运输一批瓷器，由于瓷器属于易碎物品，该怎么运输呢？通常，为了保证运送途中不出现瓷器破碎的情况，会用一些稻草或者海绵等将瓷器包裹起来。在通信系统中，信息在传输过程中易受干扰、易出错，通常利用信道编码技术来保证信息的可靠性。

信道编码技术通过给数据添加冗余信息，获得纠错能力，从而提高信息传输时的可靠性。这里的冗余信息就好比打包瓷器用的稻草、海绵等。2G 系统主要采用奇偶校验码、纠错循环码、卷积码。3G 系统主要采用循环冗余校验码、卷积码、Turbo 码等。4G 系统主要采用循环冗余校验码、Turbo 码、LDPC 码等。这些系统信道编码时都采用交织技术，提高纠错能力。

如表 2-13 所示，2016 年，在 3GPP RAN1#87 次会议上，经过与会代表的多轮讨论，国际移动通信标准化组织 3GPP 最终确定了 5G eMBB（增强型移动宽带）场景的信道编码方案。其中，将 Polar 码作为控制信道的主要编码方案，将 LDPC 码作为业务信道的主要编码方案。中国公司对 Polar 码的潜力有共识，并投入了大量研发力量对其 5G 应用方案进行深入研究、评估和优化。

表 2-13　5G 信道编码方案

业务信道		控制信道	
业务信道	编码方案	控制信道	编码方案
UL-SCH	LDPC 码	DCCH	Polar 码
DL-SCH		UCCH	Block 码
PCH			
BCH	Polar 码		Polar 码

1. LDPC 码

1）LDPC 码的概念

LDPC（Low Density Parity Check，低密度奇偶校验）码，是一种稀疏校验矩阵线性分组

码,属于前向纠错码。LDPC 码是一种分组码,其校验矩阵只含有少量的非零元素。正是校验矩阵的这种稀疏性,保证了译码复杂度和最小码距都只随码长而线性增加。除了校验矩阵是稀疏矩阵,LDPC 码本身与任何其他的分组码并无二致。

在 5G 通信中,业务信道用 LDPC 码代替 Turbo 码的原因有:①Turbo 码的编码复杂度低,但解码复杂度高,而 LDPC 码刚好与之相反,LDPC 码编码比 Turbo 码编码约有 0.5dB 信噪比增益,适合 eMBB 场景;②LDPC 码本质上采用并行的处理方式,而 Turbo 码本质上是串行的,因而 LDPC 码更支持低时延应用;③LDCP 码可以支持上下行峰值速率分别为 20Gbit/s 和 10Gbit/s 的 eMBB 场景,而 Turbo 码只支持 1Gbit/s 的峰值速率。

2) LDPC 码的优势

(1) LDPC 码的译码算法的运算量要低于 Turbo 码的译码算法,硬件实现比较容易。

(2) LDPC 码的码率可以任意构造,有更大的灵活性。

(3) LDPC 码具有更低的错误平层,可以应用于有线通信、深空通信及磁盘存储等对误码率要求更加苛刻的场合。

3) LDPC 码的劣势

(1) 硬件资源需求比较大。全并行的译码结构对计算单元和存储单元的需求都很大。

(2) 编码比较复杂,同时,由于需要在码长比较长的情况下才能充分体现性能上的优势,所以编码时延比较大。

2. Polar 码

1) Polar 码的概念

Polar 码(极化码),是由 Arikan 于 2007 年基于信道极化理论提出的一种线性信道编码方法,具有明确而简单的编码及译码算法,具有较低的编译码复杂度,当编码长度为 N 时,编译码复杂度大小为 $O(M\log N)$。该码是迄今发现的唯一一类能够达到香农极限的编码方法。Polar 码利用信道的两极分化现象,把承载较多信息的比特放在理想信道中传输,而把已知冻结比特放在非理想信道中传输。信道极化包括两个部分,分别为信道组合和信道分解。当组合信道的数目趋于无穷大的时候,就会出现极化现象,一部分信道将趋于无噪声信道;另一部分信道则趋于全噪声信道,这就是信道极化现象。无噪声信道的传输速率将会达到信道容量,而全噪声信道的传输速率趋于零。Polar 码的编码策略是,基于信道极化现象,利用无噪声信道来传输用户有用的信息,利用全噪声信道传输约定的信息或者不传信息。

2) Polar 码的优势

(1) 码长持续增加时,部分信道将趋向于容量近于 1 的完美信道(无误码)。

(2) 在解码侧,极化后的信道可用简单的逐次干扰抵消解码的方法,以较低的复杂度获得与最大自然解码相近的性能。

(3) 针对短码长和长码长两种场景,在相同信道条件下,相对于 Turbo 码,可以获得 0.3~0.6dB 的误包率性能增益。

3) Polar 码的劣势

(1) 对并行的译码支持度不高。

(2) 相对而言出现比较晚,工业界支持还不够。

思考与练习题 5

1. （　　）指波长为 1~10mm，频率为 30GHz~300GHz 的电磁波。
2. （　　）是一种新型的、控制与转发分离且直接可编程的网络架构。
3. NFV 架构设计从纵向看，网络分为三层：（　　）、（　　）和（　　）。
4. MEC，以（　　）和（　　）为基础，提供连接、计算、能力、应用的积木式组合，为用户就近提供服务。
5. （　　）就近提供用户所需服务和云端计算功能，创造出具备高性能、低延迟与高带宽的服务环境，加速网络中各项内容、服务及应用的快速下载，让消费者享有不间断的高质量网络体验。
       A．SDN　　　　B．MEC　　　　C．OpenFlow　　　　D．OFDM
6. （　　）技术自适应小小区分簇，通过调整每个子帧、每个小小区的开关状态，动态形成小小区分簇，关闭没有用户连接或者无须提供额外容量的小小区，从而降低对邻近小小区的干扰。
7. 请简介 BWP 的 3 种类型及作用。

反思 5

通过学习本任务，反思不足的地方：

_____
_____
_____
_____
_____

任务 2.3　掌握 5G 的网络架构与协议

2.3.1　5G 的网络架构

如图 2-35 所示，在 5G 的网络架构中，每个核心网网元的接口统一命名为 "N+小写英文功能名缩写"，如 Nnssf 为网络切片选择功能 NSSF 的接口。

另：

N1 接口为 UE 和 AMF 间的信令面接口。

N2 接口为 (R)AN 和 AMF 间的信令面接口。

N3 接口为无线网 (RAN) 与 UPF 之间的接口。

N4 接口为 SMF 与 UPF 之间的接口。

N6 接口为 UPF 与 DN 数据网之间的接口。

无 N5 接口。

项目 2　熟知 5G 基本原理

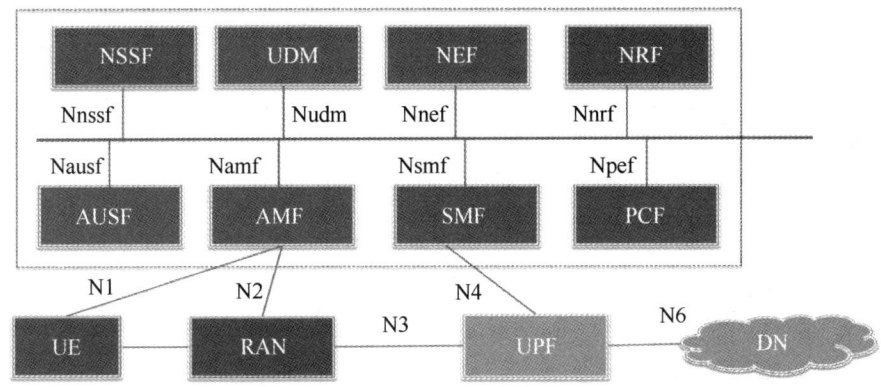

图 2-35　5G 的网络架构

如图 2-35 所示，5G 网络采用服务化、功能模块化设计，接入控制和会话分离、UP（用户面）和 CP（控制面）功能分离、用户信息和策略与网络分离的架构。5G 网络主要包括如下网元。

1. AMF

AMF 负责 UE 接入权限和切换等，类似 LTE 的 MME。AMF 的功能包括：
（1）NG 接口（无线接入网和 5G 核心网之间的接口）终止；
（2）移动性管理；
（3）接入鉴权、安全锚点；
（4）安全上下文管理功能。

2. UPF

UPF 负责用户数据处理，类似 LTE 的 SGW+PGW。AMF/UPF 体现了控制面和媒体面分离的思想。UPF 的功能包括：
（1）intra-RAT（系统内）移动的锚点；
（2）数据报文路由、转发、检测及 QoS 处理；
（3）流量统计及上报。

3. NEF

NEF 负责开放各网络，以及内外部信息的转换。

4. NRF

NRF 类似于增强的 DNS。NRF 负责 NF 服务的发现，维护可用的 NF 实例的信息及支持的服务。

5. NSSF

NSSF 即网络切片选择功能，选择为 UE 服务的一组网络切片实例。每个网络切片由 S-NSSAI 唯一标识。

6. AUSF

AUSF 即认证服务器功能，实现 3GPP 和非 3GPP 的接入认证。

7. UDM

UDM 即统一数据管理功能,负责 3GPP AKA 认证、用户识别、访问授权、注册、移动、订阅、短信管理等。

8. SMF

SMF 即会话管理功能,包括会话的建立、变更和释放等。SMF 具体包括以下功能:

(1) UE IP 地址的分配和管理;

(2) UPF 功能的选择和控制;

(3) PDU 会话控制。

9. PCF

PCF 即策略控制功能,提供统一的政策框架和控制面功能的策略规则。

10. RAN

RAN 即无线接入网,主要包括 gNodeB/ng-eNodeB。gNodeB/ng-eNodeB 的主要功能包括:

(1) 无线资源管理:无线承载控制、无线准入控制、动态资源分配、连接态移动性控制;

(2) IP 头压缩、数据加密和完整性保护;

(3) AMF 选择;

(4) 到 UPF 的用户面数据路由;

(5) 到 AMF 的控制面路由;

(6) 连接建立和释放;

(7) 寻呼消息和系统广播消息的调度和传输;

(8) 测量和测量上报配置;

(9) 支持网络切片,支持双连接;

(10) QoS Flow(服务质量流)管理和 QoS Flow 到 DRB 的映射;

(11) 支持 UE RRC_INACTIVE 态;

(12) NAS 消息转发。

 扫一扫看教学课件:5G 基站的部署

 扫一扫看微课视频:5G 基站的部署

2.3.2 5G 基站的基本部署

协议定义的多种 5G 网络部署方式,根据 5G 控制面锚点不同分为两大类:独立部署(SA)和非独立部署(NSA)。

1. 独立部署

独立部署是指以 5G NR 作为控制面锚点接入 5GC。如图 2-36 所示,Option 2 架构是将独立的新无线接口连接到 5GC,其中 5GC 为 5G 核心网,NR 为 5G 新空口。

1)独立部署的优势

(1) 对现有 2G、3G、4G 网络无影响。

(2) 不影响现网 2G、3G、4G 用户。

(3)可快速部署,直接引入 5G 新网元,不需要对现网进行改造。
(4)引入 5GC,提供 5G 新功能、新业务。

2)独立部署的劣势
(1)当 NR 未实现连续覆盖时,语音连续性依赖跨系统切换。
(2)需要同时部署 NR 和 5GC。

2. 非独立部署

非独立部署(NSA)方式是指 5G NR 的部署以 LTE eNodeB 作为控制面锚点接入 EPC,或以 eLTE eNodeB 作为控制面锚点接入 5GC,如图 2-37 所示。其中 Option 3 与 Option 7 的区别在于,Option 3 的核心网采用 EPC,使用 LTE eNodeB,而 Option 7 的核心网采用 5GC,使用 eLTE eNodeB。

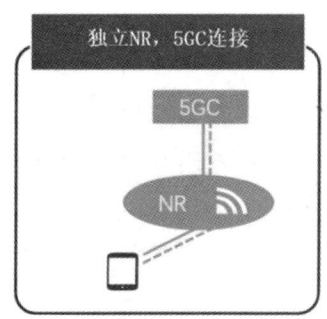

图 2-36 Option 2 架构

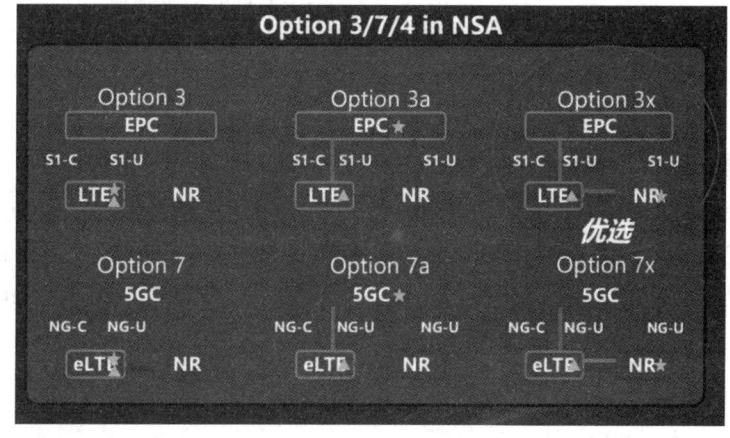

图 2-37 NSA 网络

在 NSA Option 3 模式下,LTE eNodeB 不仅要作为 NR 锚点,还要作为数据汇聚和分发点,因而对 LTE eNodeB 的处理能力要求很高。Option 3x 作为 Option 3 的优化方案,将 NR 作为数据汇聚和分发点,充分利用 NR 设备处理能力强的优势,快速提升网络处理能力。Option 7/Option 7x 方案也是这样的。

独立部署方式下组网一步到位,对 4G 网络无影响,支持 5G 各种新业务及网络切片,但是需要成片连续覆盖,建设工程周期较长,需要独立建设 5GC 核心网,初期投资大。

NSA 方式下按需建设 5G 网络,建网速度快,投资回报快,标准冻结较早,产业相对成熟,业务连续性好。但是 NSA 难以引入 5G 新业务,升级过程较为复杂,投资总成本较高。从 NSA 到 SA 演进时,4G 网络和 5G 网络均需进行二次网络优化,且均需带动现网用户优化,风险大,网络优化成本高。

Option 2 对 LTE 网络无影响,引入简单,可快速验证 5G 网络的性能,但 NR 需实现连续覆盖,否则语音业务切换流程复杂,QoS 无法保障,Option 3x 网元更改少,与现网耦合程度高,适合引入初期 NR UE 比例小的情况。

Option 7x 可有效避免后续无线网络的多次升级,适合在 5GC 产业成熟情况下引入。

2.3.3 5G 接口与协议

5G 接口包括 NG 接口、Xn 接口、Uu 接口(图中未画出)、F1 接口,如图 2-38 所示。

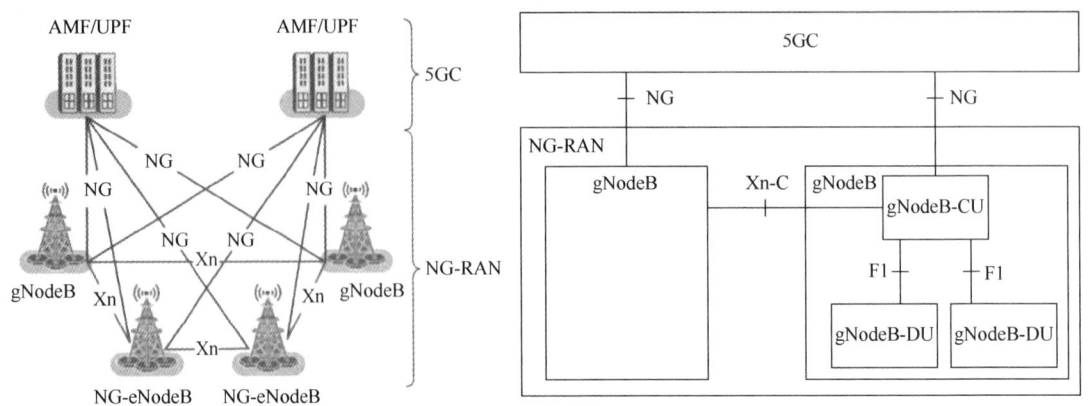

图 2-38　5G 接口

NG 接口：无线接入网和 5G 核心网之间的接口。NG 接口分为 NG-C 接口（控制面）和 NG-U 接口（用户面）。gNodeB 通过 NG-C 接口和 AMF 连接，通过 NG-U 接口和 UPF 连接。

Xn 接口位于两个 NG-RAN 节点之间，分为 Xn-C 接口（控制面）和 Xn-U 接口（用户面）两个。gNodeB 通过 Xn 接口和另外一个 gNodeB 连接。

gNodeB 由 CU（集中单元）和 DU（分布单元）组成，CU 和 DU 间的接口为 F1 接口，DU 由 BBU（基带处理单元）和 AAU（有源天线处理单元）组成，一个 DU 中只有一个 BBU，一个 DU 中有一个或者多个 AAU，BBU 和 AAU 间的接口为 eCPRI 接口，CU 与 5GC 之间的接口为 NG 接口。

Uu 接口是 RAN 与 UE 之间的接口，也就是我们熟悉的空口。

1．NG 接口

1）NG 接口的功能

（1）建立、维护和释放 PDU 会话的 NG-RAN 部分的流程；

（2）执行 RAT 内切换和 RAT 间切换；

（3）在协议级别上分离每个 UE，以便进行用户特定的信令管理；

（4）在 UE 和 AMF 之间传输 NAS 信令消息；

（5）实现分组数据流的资源预留机制。

2）NG 接口协议

NG-C 接口用于连接 NG-RAN 与 AMF，NG-U 接口用于连接 NG-RAN 与 UPF。NG-C 协议栈和 NG-U 协议栈如图 2-39 所示。

2．Xn 接口

1）Xn 接口的功能

Xn 接口分为 Xn-C 接口与 Xn-U 接口，分别用于处理控制面数据与用户面数据。Xn-C 传输网络层建立在 IP 层之上的 SCTP 层上，SCTP 层保证应用层消息传递。在传输 IP 层中，点对点传输用于传递信令 PDU，支持 Xn 接口管理，UE 移动性管理，包括上下文传送和 RAN 寻呼。Xn-U 传输网络层建立在 IP 层上，GTP-U 用于 UDP/IP 层之上以承载用户面 PDU，支持数据转发和流量控制。

2）Xn 接口协议

Xn 接口协议如图 2-40 所示。

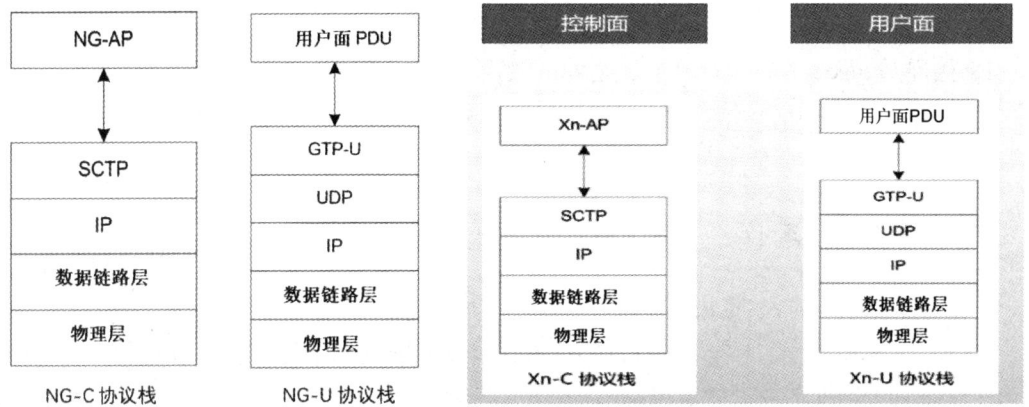

图 2-39　NG-C 协议栈与 NG-U 协议栈　　　图 2-40　Xn 接口协议

3．Uu 接口

如图 2-41 所示，左侧 Uu 接口控制面协议栈分为 6 层，分别为非接入层（NAS）、无线资源控制层（RRC）、分组数据汇聚协议层（PDCP）、无线链路控制层（RLC）、媒体接入控制层（MAC）、物理层（PHY）。

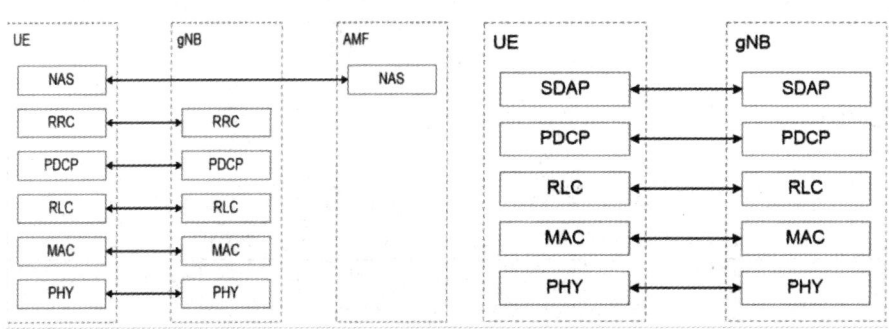

图 2-41　Uu 接口协议

如图 2-41 所示，右侧 Uu 接口用户面协议栈分为 5 层，自上而下依次为服务数据适应协议层（SDAP）、分组数据汇聚协议层（PDCP）、无线链路控制层（RLC）、媒体接入控制层（MAC）和物理层（PHY）。

SDAP 层的功能为传输用户面数据，为上下行数据进行 QoS Flow 到 DRB 的映射；在上下行数据包中标记 QoS Flow ID，在数据包上加上 SDAP 头，即标记 QFI。

PDCP 层的功能为执行 IP 头压缩，以减少无线接口上传输的比特数；加密、解密和完整性保护。

RLC 层的功能为传输上层 PDU 编号，对 RLC SDU 的分割和重分割、重复检测，对 RLC SDU 的重组，ARQ 纠错。RLC 层有 AM、UM、TM 三种模式。

MAC 层的功能为将逻辑信道映射成传输信道，RLC PDU 的复用和解复用，调度信息报告，通过 HARQ 机制进行纠错，同一个 UE 不同逻辑信道之间的优先级管理。

PHY 层的功能为 CRC 检测和指示，FEC 编码/解码，HARQ 软合并，速率匹配，信道映射，调制与解调，频率和时间的同步，功率控制、测量和报告，MIMO 处理，射频处理和 PHY 层信道映射。

4．F1 接口

F1 接口是 gNodeB 的 CU 和 DU 之间的接口。

F1 接口的主要功能包括：DU 管理、系统消息管理、DU 和 CU 的测量报告、负载管理、寻呼、F1 接口的 UE 上下文管理、RRC 消息转发。

思考与练习题 6

扫一扫看思考与练习题6答案

1．gNodeB 由（　　）和 DU 组成。

2．（　　）模式下，LTE eNodeB 不仅要作为 NR 锚点，还要作为数据汇聚和分发点，因而对 LTE eNodeB 处理能力要求很高。

3．（　　）接口用于连接 NG-RAN 与 AMF。
　　A．NG　　　　B．NG-U　　　　C．NSA　　　　D．PDCP

4．（　　）层功能为传输用户面数据，为上下行数据进行 QoS Flow 到 DRB 的映射，在上下行数据包中标记 QoS FLow ID，在数据包上加上 SDAP 头，即标记 QFI。

5．（　　）接口用于连接 NG-RAN 与 UPF。

6．（　　）负责用户数据处理，类似 LTE 的 SGW+PGW。AMF/UPF 体现了控制面和媒体面分离的思想。

反思 6

通过学习本任务，反思不足的地方：

_____
_____
_____
_____
_____

项目 3

5G 系统硬件安装与调试

项目内容: 中国移动在某地区进行 5G 网络覆盖时,新建一个 S1/1/1(3 载扇)gNodeB。如附录 B 所示,BBU 中配置 UBBP、UMPT、UPEU 和 FAN 等单板,BBU 与 AAU 采用光纤对接。请按照要求完成硬件设备的安装及连线,并准确无误地填写文档,确保验收合格。

📖 知识目标

掌握 5G 基站硬件设备的原理及组成。
熟悉设备的机架、机框、单板、线缆的功能及主要技术指标。
掌握 BBU 的规范安装方法。
掌握 AAU 的规范安装方法。
认识 5G 线缆的分类、机柜线缆布放方法、绑扎工艺要求。
掌握基站调测的方法和流程。

📖 能力目标

能够对 5G 基站设备进行规范安装与连接;
能够较为规范、规整地布放线缆;
能够完成 5G 基站设备的上电调测。

素质目标

安装过程中需要严格遵守工程规范,培养学生良好的职业素养和大国工匠精神。

思维导图

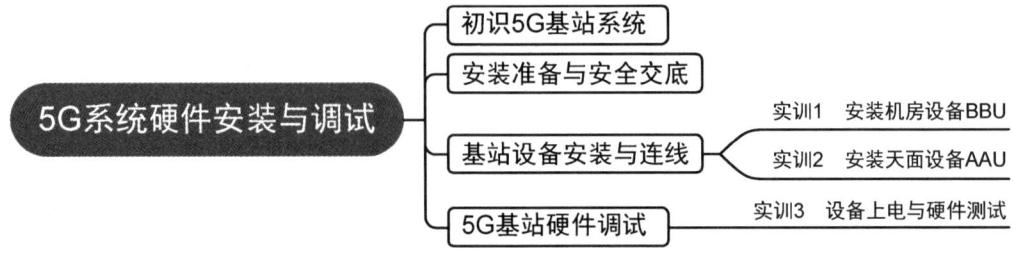

寄语读者

世界正在进入以信息产业为主导的经济发展时期。我们要把握数字化、网络化、智能化融合发展的契机,以信息化、智能化为杠杆培育新动能。加快 5G 网络等新型基础设施建设,助力 5G 在各行各业转型发展中发挥提质增效的积极作用,保证我国数字经济健康、稳定、高质量发展。

任务 3.1 初识 5G 基站系统

本任务是在 5G 基站建设安装前,对 5G 基站系统结构、设备及单板进行整体认识,主要内容包括 5G 基站网络架构、5G 基站的功能、5G 基站设备。当下随着 5G 建设、信息化建设的大规模铺开,我们需要对 5G 基站系统有准确全面的认识。

下面介绍基站的硬件结构。

3.1.1 从 4G 基站系统到 5G 基站系统

无线接入网(Radio Access Network,RAN),就是把所有的手机终端,都接入通信网络中的网络。大家耳熟能详的基站,就属于无线接入网(RAN)。

4G 基站是怎样组成的呢?

一个 4G 基站通常包括 BBU、RRU、馈线和天线。

RRU 通常会挂在机房的墙上,BBU 有时候挂墙,不过大部分时候是在机柜里的。到后来,RRU 不再放在室内,而是被搬到天线的旁边(所谓的"RRU 拉远"),也就是分布式基站。这样,我们的 RAN 就变成了 D-RAN,也就是 Distributed RAN(分布式无线接入网),这一方面大大缩短了 RRU 和天线之间馈线的长度,可以减少信号损耗,也可以降低馈线的成本;另一方面可以让网络规划更加灵活,毕竟 RRU 和天线比较小,可以按需放置。

然后因为成本的问题,D-RAN 又发展成 C-RAN,即 Centralized RAN(集中化无线接入网)。所谓的集中化无线接入网,就是把 BBU 集中放在中心机房里,这样就非常有效地解决了成本问题。通过集中化的方式,可以极大地减少基站机房的数量,减少配套设备(特别是空调)的能耗。若干小机房都集中到大机房,节约了资源、人力,提升了效率。

5G 接入网又发生了很大的变化,如图 3-1 所示。

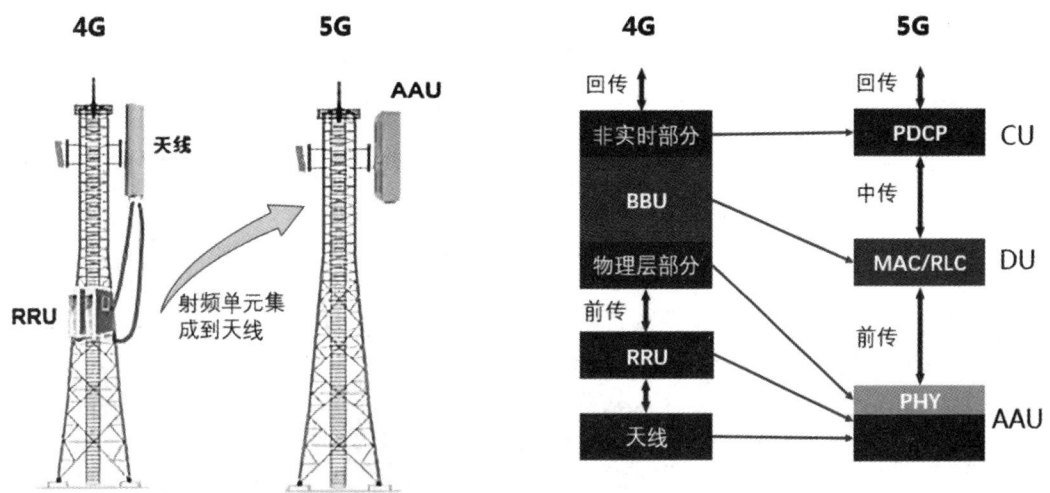

图 3-1 4G 网络和 5G 网络架构变化对比

在 5G 网络中,接入网不再由 BBU、RRU、天线组成,而是被重构为以下 3 个功能实体,CU(Centralized Unit,集中单元)、DU(Distribute Unit,部署单元)和 AAU(Active Antenna Unit,有源天线单元)。

(1)CU:原 BBU 的非实时部分被分割出来,重新定义为 CU,负责处理非实时协议和服务。

(2)DU:BBU 的功能重新定义为 DU,负责处理物理层协议和实时服务。

(3)AAU:BBU 的物理层处理功能与原 RRU 及无源天线部分合并为 AAU。

AAU 是 5G 中出现的一个新设备,它可以认为是原来的基站天线加上 RRU 的组合部分。AAU 现在有 16T16R、32T32R、64T64R 几种,城市里现在部署更多的是 64T64R。简单来说,AAU=RRU+天线,并不是全部的 5G 基站都只有 AAU,在 5G 基站中,也有 RRU+天线的配置。

3.1.2 5G 基站的功能

gNodeB 除了基带单元和射频单元两个模块,还包括一些辅助设备,如机柜、机框、天馈系统、GPS 时钟等。gNodeB 具有以下几个功能:

(1)无线资源管理。

无线承载控制包括无线承载的建立、保持、释放,以及对无线承载相关的资源进行配置。

准入控制包括允许和拒绝建立新的无线承载请求。

移动性管理包括对空闲模式和连接模式下的无线资源进行管理。

动态资源分配包括分配和释放控制面和用户面数据包的无线资源,如缓冲区、进程资源和资源块。

(2)数据包压缩与加密:采用压缩算法对下行数据包的头部进行压缩,对上行数据包的头部进行解压,采用加密算法对数据包进行加密和解密。

(3)用户面数据包路由:gNodeB 提供到 UPF 的用户面数据包的路由。

(4)AMF 选择:在 UE 初始接入网络时,gNodeB 为 UE 选择一个 AMF 进行附着,在 UE

连接期间，gNodeB 为 UE 选择 AMF；在无路由信息利用时，gNodeB 根据 UE 提供的信息来间接确定到达 AMF 的路径。

（5）消息调度和传输：接收来自 AMF 的寻呼消息、系统广播消息及来自操作维护中心的操作维护消息。根据一定的调度原则向 Uu 接口（用户和网络之间的接口，即空口）发送寻呼消息、系统广播消息和操作维护消息。

3.1.3　5G 基站设备

1. BBU 的结构及单板

（1）BBU 的外观。本书重点介绍华为的 BBU5900 和 BBU3910。BBU5900 的外观如图 3-2 所示，尺寸为 86mm×442mm×310mm（高×宽×深），质量≤18kg。BBU3910 的外观如图 3-3 所示，尺寸为 86mm×442mm×310mm（高×宽×深），质量≤15kg。BBU 的左侧挂耳上面贴有 BBU 条形码 ESN，这个是基站盲启开站过程中 BBU 的合法身份标识，如图 3-4 所示。

图 3-2　BBU5900 的外观

图 3-3　BBU3910 的外观

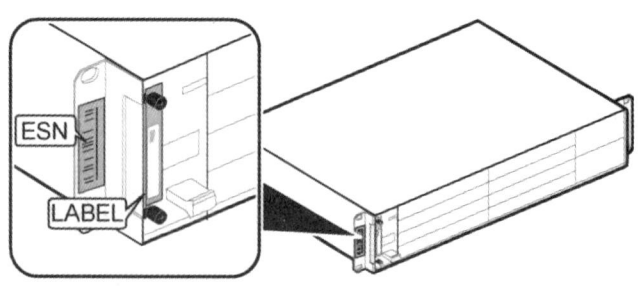

图 3-4　BBU 条形码 ESN

（2）BBU 的逻辑结构。BBU 采用模块化设计，由基带子系统、整机子系统、传输子系统、互联子系统、主控子系统、监控子系统和时钟子系统组成。其内部结构如图 3-5 所示。

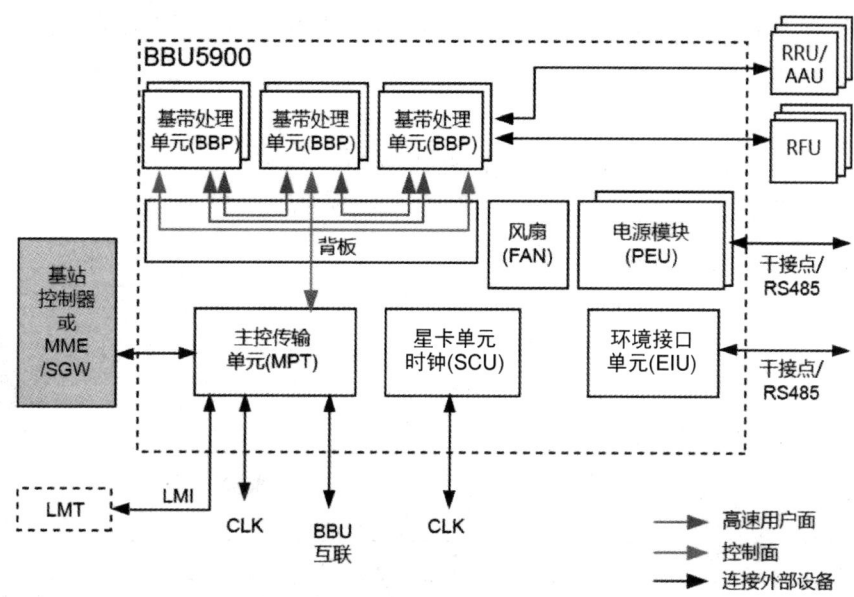

图 3-5 BBU 的内部结构

(3) BBU5900 的槽位配置和单板。如图 3-6 所示,BBU5900 面板槽位分布与传统的 BBU3900/BBU3910 不同,中间的槽位 0~8,先由左到右,再由上到下分布。任意左右相邻两个槽位(如 Slot0 和 Slot1、Slot2 和 Slot3、Slot4 和 Slot5)可以合并成一个全宽槽位,用于支持全宽基带板的配置。BBU5900 必配的单板如表 3-1 所示。

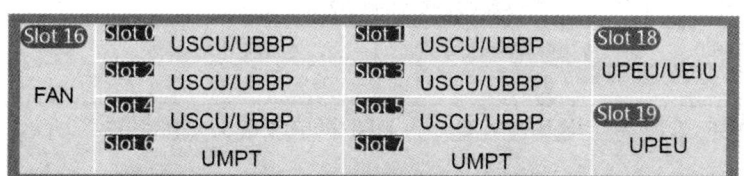

扫一扫看微课视频:UMPT 单板和 UPEU 单板

图 3-6 BBU5900 面板槽位分布

表 3-1 BBU5900 必配的单板

单板类型	硬件类型	规格	功能
UMPT	UMPTe	DL/UL 吞吐量(单板能力):10Gbit/s。传输接口:2×FE/GE(电)、2×10GE(光)	5G NR 主控板,支持 GPS 和北斗双模星卡,5G NR 场景配套 SRAN13.1 及以后版本,支持 LTE-FDD、LTE-TDD、NB-IoT、NR
UBBP	UBBPfw1	6 个接口:3 个 SFP 口,最大接口速率 25Gbit/s;3 个 QSFP 口,最大接口速率 100Gbit/s,1 个 HEI 口	5G NR 全宽基带板:实现基带信号处理功能,最大功耗 500W
UPEU	UPEUe	功率:1 片 1100W,2 片 2000W(均流模式)。双路电源输入,占用两个配电口,支持 8 路干接点告警	电源和监控板:支持电源均流,把-48V DC 转换成+12V DC
FAN	FANf	散热量:2100W	BBU5900 中的风扇板

BBU5900 选配的单板如下:

① UMPT 单板。UMPT 单板为通用主控传输单元。

槽位:必配,最多 2 块,配置在 6 号槽或 7 号槽,工作模式为主备模式。

型号:当前设备版本为 UMPTe。

功能:负责基站的配置管理、设备管理、性能监视、信令处理等;负责BBU内其他单板的信令处理和资源管理;提供USB接口、传输接口、维护接口;负责信号传输、软件自动升级、在LMT或U2000上维护BBU。

UMPT单板的外观如图3-7所示,单板接口如表3-2所示。

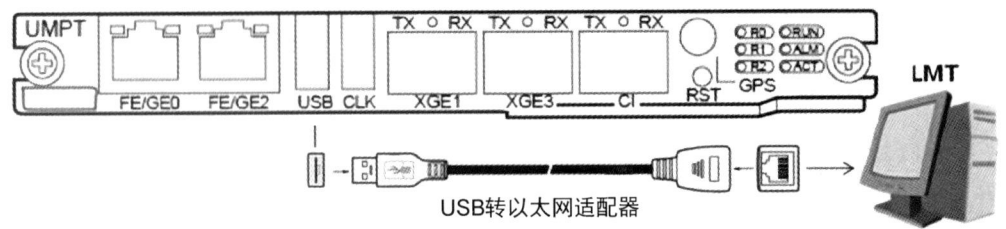

图3-7 UMPT单板的外观

表3-2 单板接口

面板标识	连接器类型	说明
FE/GE0、FE/GE2电口	RJ45连接器	10Mbit/s、100Mbit/s、1000Mbit/s模式自适应以太网传输电信号接口,用于以太网传输业务数据及信令
USB接口	USB连接器	标"USB"丝印的USB接口传输数据,可以插U盘对基站进行软件升级,调试网口复用,本地维护IP地址为192.168.0.49
CLK	USB连接器	时钟测试接口,用于输出时钟信号
XGE1、XGE3光口	SFP母型连接器	10GE光信号传输接口,最大传输速率为10000Mbit/s
GPS接口	SMA	用于传输GPS天线接收的射频信息
CI	SFP连接器	用于BBU互联
RST	—	复位开关

② UBBP单板。UBBP单板是通用基带处理板。UBBP单板的外观如图3-8所示,其性能指标如表3-3所示。

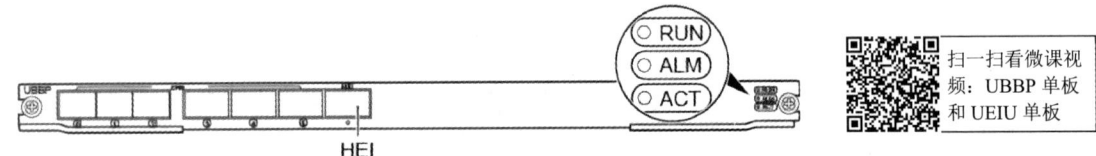

图3-8 UBBP单板的外观

表3-3 UBBP单板的性能指标

单板的名称	支持的小区数	支持的小区带宽	支持的天线配置
UBBPfw1	6	40MHz、60MHz、80MHz、100MHz	40MHz、60MHz、80MHz、100MHz 8TPR
	3	40MHz、60MHz、80MHz、100MHz	40MHz、60MHz、80MHz、100MHz 32T32R
	3	40MHz、60MHz、80MHz、100MHz	40MHz、60MHz、80MHz、100MHz 64T64R

槽位:必配,全宽板最多3块,全宽板槽位配置顺序为0、2、4。

型号:当前设备目前有多个版本,本书介绍UBBPfw1。

功能:负责上下行数据基带处理;提供与RRU通信的CPRI接口;实现跨BBU基带资源共享。

③ FAN 单板。FAN 是 BBU5900 的风扇模块,FAN 单板的外观如图 3-9 所示。

槽位:必配,固定配置在 16 号槽。

型号:本书介绍的 FANf 这个版本,最大散热能力为 2100W。

功能:为 BBU 内其他单板散热;控制风扇转速和监控风扇温度,并向主控板上报风扇状态、风扇温度值和风扇在位信号;支持电子标签读写功能。

④ UPEU 单板。UPEU 单板是通用电源环境接口板,UPEUe 采用双路供电,没有电源开关,其外观如图 3-10 所示。

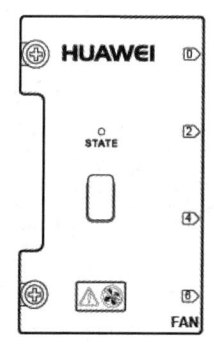

图 3-9 FAN 单板的外观   图 3-10 UPEU 单板的外观

槽位:必配,最多 2 块,在 19 号槽(默认)/18 号槽。

型号:本书介绍的设备版本为 UPEUe,一块 UPEUe 的输出功率为 1100W,两块 UPEUe 的输出功率为 2000W。

功能:可将-48V 直流输入电源转换为+12V 直流电源;提供 2 路 RS485 信号接口和 8 路开关量信号接口,开关量输入只支持干接点和 OC(集电极开路)输入。

⑤ USCU 单板。USCU 单板为通用星卡时钟板,单板型号主要有 USCUb11、USCUb14。USCUb11、USCUb14 的外观一样,如图 3-11 所示。

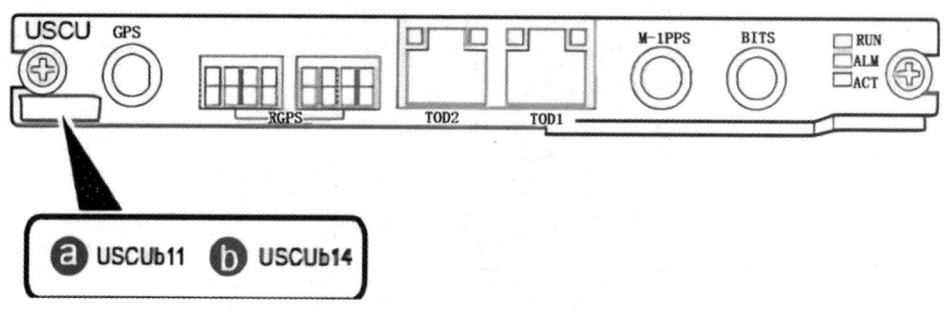

图 3-11 USCU 单板的外观

⑥ UEIU 单板。UEIU 单板是环境接口板,单板型号主要有 UEIUb,其外观如图 3-12 所示。

2. 基站射频模块结构

基站的射频单元可以采用 AAU、RFU、RRU。

(1) AAU 的典型型号。5G 采用有源天线单元(Active Antenna Unit,AAU),AAU 实际上就是射频单元和天线高度集成在一起的设备,它既是射频模块也是天线,AAU 的型号主要有 AAU5613、AAU5313、AAU5639 等。AAU 的主要功能模块包括 AU（Antenna Unit，天线单元）、RU（Radio Unit，射频单元）、电源模块和 L1（物理层）处理单元。其逻辑结构如图 3-13 所示，AAU 的物理接口与指示灯如图 3-14 所示。

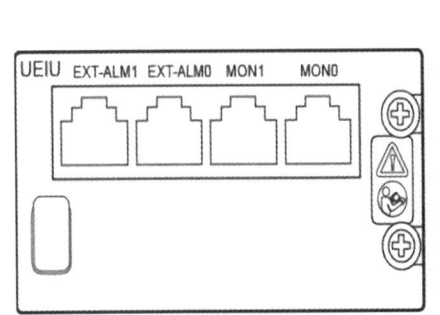

图 3-12 UEIU 单板的外观

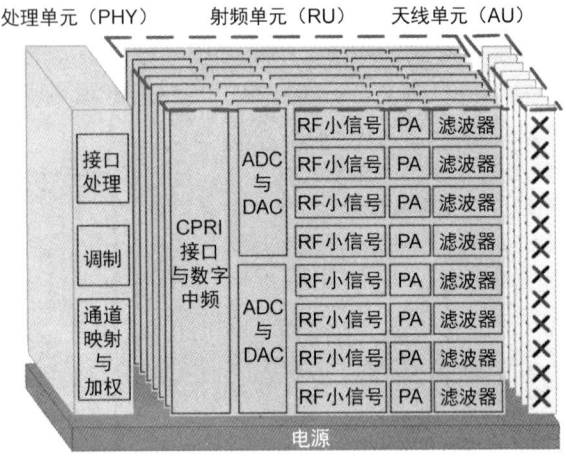

图 3-13 AAU 的逻辑结构

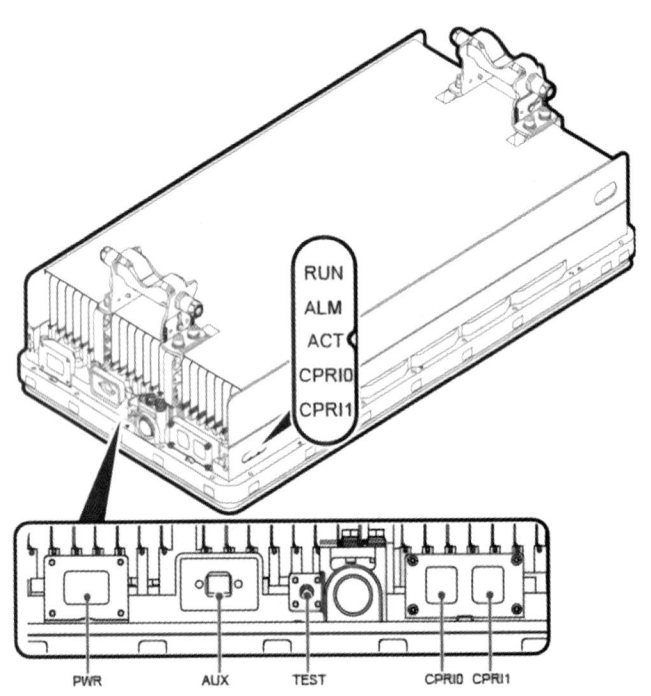

图 3-14 AAU 的物理接口与指示灯

以 AAU5613 为例，频段 3.5GHz：3400MHz～3600MHz。3.7GHz：3600MHz～3800MHz。4.9GHz：4800MHz～5000MHz。

应用场景：室外宏站。

通道数：64 通道。

输出功率：200W。

配置场景：2×100MHz 小区。

尺寸：795mm×395mm×220mm。

直流 AAU 的正常输入电压：–48V DC。

（2）RRU 的典型型号。常用的支持上下行解耦的 RRU 型号有 RRU3971、RRU5901、RRU3959。本书以 RRU3971 为例。

频段：下行 1805MHz～1880MHz，上行 1710MHz～1785MHz。

应用场景：室外宏站。

通道数：4 通道。

输出功率：4×40W。

配置场景：LTE（FDD）总载波数 3×20MHz 小区，NR（SUL）总载。

波数：3×20MHz/15MHz 小区。

RRU 采用模块化设计，根据功能分为高速接口模块、电源模块、TRX 模块、功率放大器（Power Amplifier，PA）、低噪声放大器（Low Noise Amplifier，LNA）和双工器或收发开关，如图 3-15 所示。

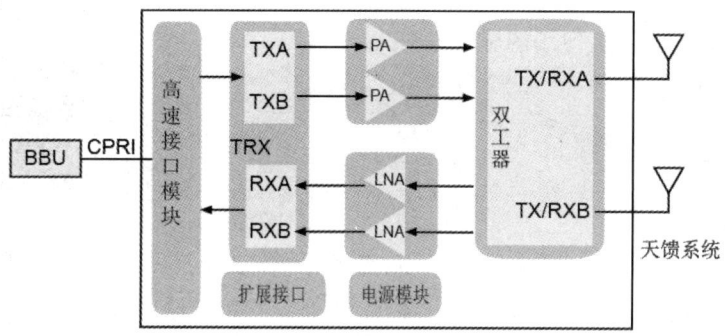

图 3-15 RRU 的内部结构

思考与练习题 7

扫一扫看思考与练习题7答案

1．根据不同业务场景和业务需求，5G 基站的功能重构为（　　　　）、（　　　　）两个功能实体。

2．AAU 由（　　　）、（　　　　）、（　　　　）、（　　　　）4 个部分组成。

3．（单选）目前国内主流 64TR AAU 设备，含有多少个天线振子？（　　　）

    A．64　　　　　B．128　　　　　C．192　　　　　D．256

4．（单选）5G 网络通过三部分实现分层接入、灵活终结、统一控制，那么这三部分的顺序是？（　　　）

    A．回传、中传、前传　　　　　B．前传、中传、回传

    C．前传、回传、中传　　　　　D．回传、前传、中传

5．（多选）关于 5G 基站系统设备功能的描述正确的有（　　　）。

    A．4G 的无源天线与 RRU 集成为一体化有源天线 AAU

    B．BBU 拆分为 CU（分布单元）和 DU（集中单元）

    C．CU 负责处理非实时协议和服务

    D．DU 负责处理物理层协议和实时服务

反思 7

通过学习本任务,反思不足的地方:

_____

_____

_____

任务 3.2 安装准备与安全交底

扫一扫看教学课件:安装准备与安全交底

5G 基站系统的安装前准备工作,包括安装前准备、安装工具准备、开箱验货及安全交底。本任务介绍开箱验货步骤和安全交底内容。当下随着 5G 建设、信息化建设的大规模铺开,施工项目中的安全问题引起了业界的重视,作为一名通信工程督导,不仅要负责监督硬件工程的安装质量,还要负责施工现场的施工安全。

下面介绍开箱验货步骤与安全交底内容。

3.2.1 开箱验货步骤

扫一扫看课程思政视频:行走于铁塔的"舞者"

1. 收货检查

收货时,应由工程督导、监理、施工三方共同核对件数。如有误差,立刻联系货运经理,由货运经理给出处理方式;如无异常,按实收件数签收确认,再将货物转运到平稳安全的位置,并检查货物外观有无破损。若出现货损,须及时拍照并保护好货损现场,外包装箱和内部包装辅料需保持原样,立刻联系货运经理或质量经理,由货运经理或质量经理给出处理办法。

2. 准备开箱

设备包装箱必须在设备的安装位置附近按规范拆除,并准备开箱工具,如表 3-4 所示。

表 3-4 开箱工具

工具图片	工具名称	用途
	一字螺丝刀	开启木箱的锁扣
	羊角锤	打开木箱
	斜口钳	修剪线扣、剪断箱子的打包带
	美工刀	划开包装的胶带
	劳保手套	作业时佩戴,以防受伤

3. 正式开箱

开箱时切不可暴力开箱，否则容易损坏箱内货物，得不偿失。正式开箱过程需要拍照，保留开箱证据。拆除木箱包装时，按照木箱盖上的拆箱操作规范开箱，避免设备损伤划伤。

注意事项：木箱两端有"禁止此处开箱"的警示标贴。设备运输到现场拆除包装箱后，设备的挪动和临时停放都必须注意保护。例如，设备临时停放时，底部要垫纸箱等缓冲物，避免与地面和周边物体直接擦、磕、碰。

4. 清点货物

取出包装箱中的部件清单、技术文件和设备安装相关物品等。核对并记录物品的名称、数量。复验设备有无损伤或划伤。如有问题，应联系货运经理或质量经理，由货运经理或质量经理给出处理办法。清点完毕之后，看看有无遗漏。如有漏发或错发，应及时与发货方联系。

5. 收尾工作

开箱后的杂物需清理干净。相关工具放到指定位置。设备拆除包装箱，安装和上电时间要求如下：设备安装至中心机房时，从拆除包装箱到安装上电，要求不超过 7×24 小时。设备安装至远端机房或户外环境时，从拆除包装箱到安装上电，要求不超过 3×24 小时。

开箱验货总结：看+拆+验+注。

3.2.2 安全交底具体内容

1. 作业基本要求

杜绝"三违"（违章指挥、违章作业、违反劳动纪律）现象；员工上岗前必须接受安全教育和培训；特种作业必须持有特种作业操作证；克服侥幸心理、麻痹心理、冒险心理、惰性心理和逞强心理；做到"四不伤害"（我不伤害自己，我不伤害他人，我不被他人伤害，我保护他人不受伤害）。

2. 项目作业特点

危险因素：触电、高空坠落、交通肇事、物体打击。

3. 预防措施

触电预防措施：使用前检查防护设备和电线（缆）是否带电；不踩踏、不乱拖电线（缆），不触碰外电线路。

高处坠落与物体打击预防措施：穿戴好劳动防护用品；做好施工警示；不违章攀爬、作业和高空抛物。

交通肇事预防措施：不强行超车、不疲劳驾驶、不酒后驾驶、不驾驶故障车辆；不得人货混载、超载、超速。

4. 项目安全操作规程和标准

项目安全操作规程和标准如表 3-5 所示。

表 3-5 项目安全操作规程和标准

内容	具体要求
基本要求	作业前认真检查工具、电气设备,保证其完好有效
	工作现场电源线不私拉乱扯
	高处作业不得踩踏机架、走道、端子板、弹簧排等
	使用电气设备要做漏电保护
	在运转机房作业不携带金属物件,使用的工具要缠绝缘带
	遵守机房制度,配备灭火器材
开箱要求	设备开箱应在靠近安装机房、无尘、干燥环境下进行
	使用专用工具,不得用力敲打,包装不能倒置
现场搬运要求	搬运设备应听从指挥,负重均匀,前后照应,栓系可靠
	吊装设备不得碰撞门窗
立机架	立机架时注意防滑,及时支撑,不能倾倒
	在运转机房立机架时,注意对运转设备的保护
	对设备加固时,注意墙内钢筋和暗线
布放光电缆	放电缆时不在地上摩擦;开剖电缆时用力不能过猛
	布放电缆不能扭绞交叉
	布放尾纤时注意对纤头、纤尾等的保护
设备加电	设备在加电前,设备内不得有金属碎屑,电源正负极不得接反或短路,设备保护地线良好,各级熔丝规格应符合设备技术要求
	设备加电时,必须沿电流方向逐级加电,逐级测量
	插拔机盘、模块时必须佩戴接地良好的防静电手环
劳动防护用品	进入作业现场,必须"两穿一戴",即穿工作服、工作鞋,戴安全帽,女职工发辫应盘入帽内
	安全帽正确佩戴方法:帽衬与帽壳不能贴紧,应有一定间隙;必须系紧下颚带
	安全带正确使用方法:应高挂低用;不准打结和挂在连接环上使用

5. 事故应急救援措施

急救注意事项:①拨打120;②仔细观察受伤原因;③现场急救;④不要给失去知觉的患者吃喝任何东西。

触电现场急救:①切断总电源;②脱离电源;③心肺复苏;④包扎伤口;⑤速送医院。

交通现场急救:①正确判断伤情和受伤部位;②搬运伤员时,注意保护脊柱和骨折肢体;③按先救命后救伤的原则救治;④迅速止血,包扎伤口,固定骨折部位;⑤尽快转送医院。

火灾现场急救:①立即脱离险境;②就地打滚灭火;③冷却受伤部位;④消毒敷料;⑤口渴严重时可饮盐水;⑥迅速转送医院。

6. 安全交底考核评价标准

安全交底考核评价总分30分,分为四个部分,如表3-6所示。考虑到不同学校的教学条件,此处不设置实训任务,只列举评价标准。学校可以根据评价标准,选择仿真实训环境或者真实环境进行开箱验货和安全交底的实训。

项目 3 5G 系统硬件安装与调试

表 3-6 安全交底考核评价标准

内容	考核要求	配分	评分细则	师评
基本信息	清楚项目基本情况、安全交底的参与人员及相关职责	5	1. 包含项目名称、作业地点、开工日期（每项 1 分） 2. 安全交底的参与人员是否齐全，相关职责是否明确（2 分）	
安全交底流程	熟悉安全交底流程	5	安全交底的流程是否完整，是否包括：施工前培训、劳保用品穿戴检查、使用车辆情况检查、工器具及特种作业证检查、安全交底签字确认（每项 1 分）	
交底内容	能够清楚说出安全交底的主要内容	10	安全交底内容是否包括：作业基本要求、项目作业特点（危险因素）、针对危险因素的预防措施、项目安全操作规程和标准、事故应急措施（每项 2 分）	
各项安全表格记录	能够制作各项安全表格并正确记录	10	是否包含以下表格：安全技术交底记录；员工素质教育记录；在用车辆安全检查记录；安全生产事故隐患排查登记表；进场设备、施工机具与防护用品安全检查记录（每项 2 分）	
总分				

思考与练习题 8

扫一扫看思考与练习题 8 答案

1．（多选）以下属于 5G 设备安装过程中安全注意事项的是（   ）。
　　A．佩戴安全帽　　　　　　　　B．高空作业持有登高证
　　C．电气设备安装需持有电工证　　D．高/低空作业需关注雷暴天气
2．（判断）纸箱需要多层堆放时不能超过 4 层，质量轻且需要先用到的物件放在上面。（   ）
3．（多选）5G 设备搬运过程中符合要求的是（   ）。
　　A．车辆存储空间较小时可以运输裸机柜
　　B．机柜临时停放时，底部要垫纸箱等缓冲物，避免擦、磕、碰
　　C．现场搬运条件受限时，应提前准备好泡沫塑料、纸板等防护材料
　　D．为减轻吊装质量，可以对裸机框不做防护
4．（判断）开箱验货和设备清点无误后，可自行在《开箱验货报告》上签字确认。（   ）
5．（多选）塔上作业符合安全规定的有（   ）。
　　A．不允许单独一人爬塔工作，必须有看护人员
　　B．必须在爬塔前检查安全衣，且爬塔必须穿安全衣
　　C．确保安全带系 2 个不同点
　　D．携带的工具应装在包内，避免掉落
　　E．雷雨、大风等恶劣天气禁止爬塔

6.（单选）以下哪种行为属于安全施工？（　　）
   A．带电操作时工具未绝缘
   B．铁塔上作业时未使用安全带
   C．雷雨时在室外高处作业
   D．在铁塔上施工时，铁塔下的施工人员戴安全帽作业

反思 8

通过学习本任务，反思不足的地方：

任务 3.3　基站设备的安装和连线

扫一扫看教学课件：基站设备的安装和连线

本任务介绍 5G 基站系统的安装与连线工作，主要内容包括主要线缆的认识、BBU 安装和连线步骤、AAU 安装和连线步骤。安装过程中需要严格遵守工程规范，培养学生良好的职业素养。

3.3.1　主要线缆的认识

1．电源线

电源线用于将外部-48V 直流电源接入设备。BBU 的电源线如图 3-16 所示。电源线需要现场裁剪制作。

图 3-16　BBU 的电源线

2．保护地线

保护地线用于连接 BBU、AAU 与地网，提供对设备及人身安全的保护。保护地线采用 10mm²/16mm² 黄绿线缆，两头压接 TNR 端子。保护地线的外观如图 3-17 所示。根据实际走线路径，截取长度适宜的线缆，线缆两端安装相应的连接器。

图 3-17　保护地线的外观

3．GPS 线缆

GPS 线缆（跳线）用于将 GPS 卫星信号引入 BBU。GPS 线缆采用 SMA(M)-SMA(M) 同轴电缆，用于连接功分器和防雷器。GPS 线缆的外观如图 3-18 所示。

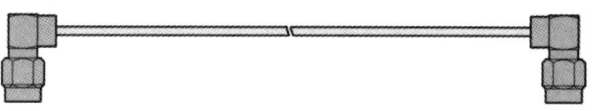

图 3-18　GPS 线缆的外观

扫一扫看微课
视频：5G BBU
安装连线 1

3.3.2 BBU 安装和连线步骤

下面介绍 5G 室内基站的安装方法。一般来说，在机房内 19 英寸机柜已有安装框架，不需要额外安装，所以现场实施时可以根据实际情况安装符合要求的框架。下面我们以在 14U 框架上 BBU 模块的安装为例进行讲解。注意安装过程中需要佩戴防静电手环或防静电手套，安装流程如下。

1．准备材料与工具

检查桌面上的材料与工具是否齐全：BBU 设备 1 套及辅料 1 套、导风插箱及辅料 1 套、GPS 防雷器 1 个、GPS 跳线 1 根、BBU 电源线 1 根、接地线 2 根、螺丝刀 1 把、压线钳 1 把、液压钳 1 套、斜口钳 1 把、美工刀 1 把、热风枪 1 把、扎带数根、光模块 1 个、光纤 1 根。

2．进行安装空间检查

确保通风口左右两侧预留足够的通风空间和走线空间。

3．安装 BBU

（1）用手托 BBU 机框移至 14U 框架的托架位置，并把 BBU 轻轻推入托架的规划安装位置。

（2）用 BBU 机框面板自带的 M6 螺钉，将 BBU 机框紧固在 14U 框架上，拧紧 4 颗螺钉，如图 3-19 所示，此时要注意由于托架靠前，容易滑出导轨，在机框面板螺钉未安装时，请勿将机框脱手。

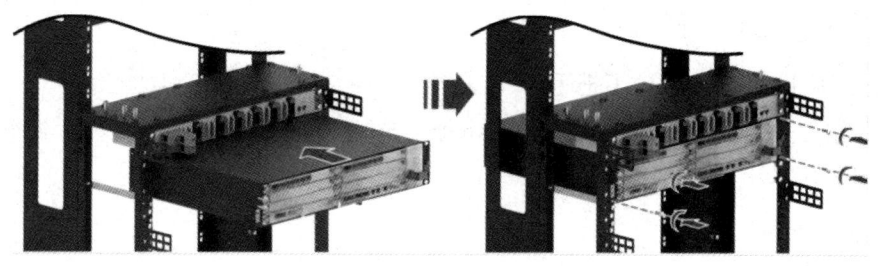

图 3-19　安装 BBU

4．插入主控板和基带板

取掉 BBU 机框上对应槽位的挡板，插入主控板和基带板，注意在插取单板时一定要戴上防静电手环，手尽量不触碰单板的电路板。

5．制作接地保护头

使用铜鼻子制作保护地线的接头，对导风插箱和 BBU 机框进行接地。注意：如果机架的接地汇流条接口不够，可以将两根接地线接到一个接头上，但必须保持两根接地线相互垂直。

6．制作电源线

制作 BBU 电源线，插入 BBU 电源模块。

扫一扫看微课
视频：5G BBU
安装连线 2

扫一扫看微课
视频：5G BBU
安装连线 3

7．插入光模块

取下基带板上的防尘塞，插入光模块，连接光纤。

8．制作机架的辅助走线栏

使用扎带制作机架的辅助走线栏，方便后续电源线的走线。

9．清理和收拾工具

安装完成后对室内外杂物如包装箱、塑料袋、扎带头、废电缆等进行清理，收拾整理工具，保持环境整洁。

3.3.3 AAU 安装和连线步骤

扫一扫看微课视频：AAU 的安装

1．准备好安装工具和材料

检查桌面上的材料与工具是否齐全：AAU 设备 1 台、GPS 线缆若干、AAU 电源线 1 根、接地线若干根、螺丝刀 1 把、管状端子若干、力矩扳手 1 把、剥线钳 1 把、压线钳 1 把、液压钳 1 套、斜口钳 1 把、美工刀 1 把、扎带数根、25G300M 光模块 1 个、野战光缆 1 根，辅料、安全绳、吊装工具、防静电手套或手环等。

2．进行安装空间检查

以 AAU5639w 为例，水平安装间距至少 300mm，吊装点高于天线安装点 300mm；底部安装空间要求不少于 500mm。

3．安装下倾支臂到 AAU 上把手

（1）拆卸 AAU 上把手或下把手外侧的 M12 螺栓。
（2）将下倾支臂的长臂端放置在 AAU 把手上，与待安装孔位对齐，将螺栓放入安装孔位。
（3）使用力矩扳手紧固。

4．安装下主扣件到 AAU 下把手

将下主扣件放置于 AAU 下把手处，使下把手与下主扣件的槽位对齐，然后将下主扣件的螺栓向下扣入孔位并紧固。

5．安装光模块

（1）拆除 CPRI 接口处的防水帽。
（2）在 AAU 的 CPRI0 接口和 BBU 的 CPRI 接口上分别插入光模块，必须保证光模块安装方向正确，同时沿水平方向将光模块轻推入插槽，直至光模块与插槽紧密接触且连接器已经完全插入，此时连接器无松动。
（3）当光模块插到位置时，会听到"啪"的一声。

6．安装 AAU 主扣件

（1）根据安装空间要求，标记上主扣件在抱杆上的安装位置。
（2）根据抱杆直径手动调整两根螺栓上 M12 螺母的位置，再拧松该螺栓，移动辅扣件，将上主扣件、辅扣件从水平方向套进抱杆，将辅扣件的螺栓预紧至上主扣件。
（3）使用 M12 力矩扳手拧紧上主扣件上的 2 颗 M12 螺栓，紧固力矩为 50N·m，使上主扣件和辅扣件牢牢卡在杆体上。

7. 安装 AAU 到抱杆

AAU 主体吊装上塔，将上主扣件两侧顶端的螺钉向下扣，并紧固；将下主扣件、辅扣件卡至抱杆上，预紧辅扣件上的另一个螺栓。

8. 调节机械下倾角

可调角度为 0~20°。

9. 安装 AAU 保护底线

（1）使用铜鼻子制作 AAU 保护地线接头。根据实际走线路径，截取长度适宜的线缆。
（2）将 AAU 保护地线一端铜鼻子紧固到安装件的接地端子上，并紧固接地螺栓；另一端连接到外部接地排。

10. 插入光模块

安装光纤并绑扎。光纤一端连接到 AAU 光模块，另一端接入 BBU 光模块。

11. 制作 AAU 电源线

根据实际走线路径，截取长度适宜的电源线，使用管状端子制作 AAU 电源线；线缆一端连接至室外 AAU 电源接口，另一端连接到供电设备上的相应接口。

12. 按规范布线

按规范布线，在线缆上粘贴标签。

13. 清理和收拾工具

安装完成后对室内外杂物如包装箱、塑料袋、扎带头、废电缆等进行清理，收拾整理工具，保持环境整洁。

思考与练习题 9

1. （单选）5G 基站设备安装必须要保证机柜中有足够的空间是为了（　　）。
　　A．散热　　　　　　　　B．美观
　　C．后续方便添加设备　　D．以上都对
2. （单选）机房运行环境对设备影响很大，机房运行环境应（　　）。
　　A．高温　　B．通风　　C．低压　　D．易爆
3. （单选）BBU 与 AAU 之间用（　　）连接。
　　A．光纤　　B．馈线　　C．网线　　D．电线
4. （多选）以下关于 AAU 的描述正确的是（　　）。
　　A．AAU 的全称为 Active Antenna Unit
　　B．AAU 集成了 RRU 和天线两个模块
　　C．AAU 具有简化天面、安装方便、加快建网的优点
　　D．AAU 架构更有利于天线校准，减少由于线缆连接而造成的不可控因素，获得更好的波束赋形性能。
5. （单选）AAU 直流电源线需要做（　　）接地。
　　A．1 处　　B．2 处　　C．3 处　　D．视电线长度而定

反思 9

通过学习本任务，反思不足的地方：

_____

_____

_____

_____

_____

实训 1　安装机房设备 BBU

真实设备 1 套，请按照规范完成 BBU 设备的规范安装及连线。

1．实训目的

（1）掌握常见 5G 基站设备的 BBU 安装流程和方法。

（2）掌握 5G 基站设备的 BBU 安装注意事项。

（3）能够正确实现 BBU 的安装与连线。

2．实训内容

5G 基站设备的安装与连线。

3．实训要求

熟悉硬件安装过程，掌握基站 BBU 安装的步骤。

4．实训时间

2 学时。

5．实训条件

BBU 设备 1 套及辅料、导风插箱（GPS 避雷器）、光模块 1 个、光纤数根、电源线若干、地线若干和各种安装工具及配件。

6．实训步骤

分小组完成 BBU 设备的安装与连线：

（1）BBU 设备的安装与连线；

（2）保证硬件设备安装正确。

本实训要安装 5G 基站系统的机房主设备，主要内容包括安装导风插箱、安装 BBU 设备、插放单板，完成连线。

7．实训总结

本实训要完成 5G 基站 BBU 设备的安装，同时强调了安装的注意事项，以及安装过程中需要严格遵守的工程规范，培养学生良好的职业素养。

8. 考核评价标准

安装 BBU 考核评价总分 30 分，评价标准如表 3-7 所示。

表 3-7 安装 BBU 考核评价标准

内容	考核要求	配分	评分细则	师评
材料与工具的准备	能够认识室内基站设备的常用安装材料与工具	2	1. 领取材料与工具时数量齐全且型号正确。（1分） 2. 领取材料与工具时轻拿轻放。（1分）	
导风插箱的安装	能够正确地完成导风插箱的安装	4	1. 导风插箱安装位置合理，平整，牢固。（2分） 2. GPS 防雷器安装在导风插箱的正确接口上，连接牢固，GPS 跳线接头外置长度合理。（2分）	
BBU 机框的安装	能够正确地完成 BBU 机框的安装	4	1. BBU 安装位置合理，平整，牢固。（2分） 2. BBU 机框与导风插箱之间禁止预留空间。（2分）	
单板插放	能够正确地完成主控板与基带板的插拔	4	1. 根据 BBU5900 机框类型，基带板和主控板插放槽位合理。（2分） 2. 操作单板插放时，是否佩戴防静电手环，是否轻拿轻放，手指是否触碰单板的电路板及元器件。（2分）	
地线制作与连接	能够制作标准的地线接头，正确完成地线连接	5	1. 要求地线的横截面积为 16mm²。（1分） 2. 制作地线接头时，铜鼻子的大小是否符合规范。（1分） 3. 是否正确使用热缩带、热风枪及液压钳，接口制作是否符合标准且牢固。（1分） 4. 导风插箱连接地线的位置是否正确，操作是否规范。（1分） 5. BBU 机框连接地线的位置是否正确，操作是否规范。（1分）	
BBU 电源线制作与连接	能够制作标准的电源线接头，正确完成电源线的连接	4	1. 是否正确使用压线钳、管状端子钳，制作的电源线接头是否符合规范。（2分） 2. 红、蓝线插入 BBU 电源模块的位置是否正确（红线对应-48V，蓝线对应-48V RNT），是否连接牢固。（2分）	
光缆连接	能够正确插放光模块，完成光缆连接	2	1. 正确操作插入光模块，保证基带板其他未使用光口插入了防尘塞。（1分） 2. 是否按照连接规范正确连接光缆。（1分）	
安全文明操作	养成良好的职业习惯，安装完成后能主动清洁环境，整理工具	5	1. 收拾整理安装工具。（2分） 2. 安装完成后对室内外杂物进行清理。（3分）	
总分				

思考与练习题 10

1．（单选）5G 基站设备 BBU 包括多个插槽，可以配置不同功能的单板，以下哪项属于 BBU 内可以使用的单板（　　）。
   A．环境监控板　　　B．基带板　　　C．电源模块　　　D．以上都是
2．（多选）5G 设备安装操作要求包括（　　）。
   A．高空作业必须获得资质证书
   B．在铁塔或高处作业时不需关注天气
   C．操作电气设备必须获得资质证书
   D．工作前摘除影响设备搬运和安装的个人饰品
3．（判断）电源线和保护地线应同信号线分开绑扎。（　　）

反思 10

通过学习本任务，反思不足的地方：

实训 2　安装天面设备 AAU

真实设备 1 套，请按照规范完成 AAU 设备的规范安装及连线。

1．实训目的

（1）掌握常见 5G 基站设备的 AAU 安装流程和方法。

（2）掌握 5G 基站设备的 AAU 安装注意事项。

（3）能够正确实现 AAU 的安装与连线。

2．实训内容

5G 基站设备 AAU 安装与连线。

3．实训要求

熟悉硬件安装过程，掌握基站 AAU 安装的步骤。

4．实训时间

2 学时。

5．实训条件

AAU5639w 及辅料、光模块一个、光纤数根、电源线若干、地线若干，以及各种安装工具及配件。

项目3 5G系统硬件安装与调试

6．实训步骤

（1）分小组完成AAU设备的安装与连线；

（2）AAU设备安装与连线；

保证硬件设备安装正确。

本实训要安装5G基站系统的天面主设备AAU，主要内容包括AAU支架的安装、安装AAU、连接AAU侧线，调节AAU下倾等。

7．实训总结

本实训介绍了5G基站AAU设备的安装步骤，同时强调了安装的注意事项，以及安装过程中需要严格遵守的工程规范，培养学生良好的职业素养。

8．考核评价

安装AAU考核评价总分30分，评价标准如表3-8所示。

表3-8 安装AAU考核评价标准

内容	考核要求	配分	评分细则	师评
材料与工具准备	能够区分和使用常用安装材料与工具	2	1. 领取材料与工具时数量齐全且型号正确。（1分） 2. 领取材料与工具时轻拿轻放。（1分）	
AAU安装空间检查	能够正确检查安装空间是否满足要求	3	1. 水平安装间距至少300mm。（1分） 2. 吊装点高于天线安装点300mm。（1分） 3. 底部安装空间要求不少于500mm。（1分）	
组装AAU安装件	能够正确组装AAU安装件	2	1. 下支架安装位置合理、牢固。（1分） 2. 上支架安装位置合理、牢固。（1分）	
安装光模块	能够规范安装光模块	4	1. 选取的光模块与BBU侧匹配。（2分） 2. 光模块插入方向正确。（1分） 3. 光模块与插槽接触是否紧密且连接器完全插入。（1分）	
调节AAU下倾	能够按设计要求调整下倾角	3	1. 刻度盘显示角度是否与设计要求一致。（2分） 2. 是否使用倾角仪核验下倾角。（1分）	
地线制作与连接	能够制作标准的地线接头，正确完成地线连接	5	1. 要求地线的横截面积为16mm²。（1分） 2. 制作地线接头时，铜鼻子的大小是否符合规范。（1分） 3. 是否正确使用热缩带、热风枪及液压钳，接口制作是否符合标准且牢固。（2分） 4. AAU机框连接地线的位置是否正确，操作是否规范。（1分）	

续表

内容	考核要求	配分	评分细则	师评
AAU电源线制作与连接	能够制作标准的电源线接头，正确完成电源线的连接	5	1.是否正确使用压线钳、管状端子钳，制作的电源线接头是否符合规范。(3分) 2.红、蓝线插入AAU电源模块的位置是否正确（红线对应-48V，蓝线对应-48V RNT），是否连接牢固。(2分)	
光缆连接	能够正确插放光模块，完成光缆连接	2	1.光纤连接收发是否对应。(1分) 2.光纤连接是否牢固。(1分)	
安全文明操作	养成良好的职业习惯，安装完成后能主动清洁环境，整理工具	4	1.收拾整理安装工具。(2分) 2.安装完成后对现场进行清理。(2分)	
总分				

思考与练习题 11

扫一扫看思考与练习题11答案

1．（单选）关于V9200的VSW板的功能，下面说法正确的是（　　）。

　　A．与结构子系统一起实现所有子系统的互联

　　B．完成主控、系统时钟、IQ数据交换、信令处理功能

　　C．基带数据处理，完成虚拟化基站的业务

　　D．实现计算功能及存储功能

2．（单选）关于5G AAU A9815，下列说法正确的是（　　）。

　　A．5G NR 低频，支持 8T8R

　　B．5G NR 低频，支持 4T4R

　　C．5G NR 高频，支持 8T8R

　　D．5G NR 高频，支持 4T4R

3．（单选）5G基站设备AAU包括多个插槽，可以配置不同功能的单板，以下哪项属于AAU内可以使用的单板（　　）。

　　A．环境监控板　　　　　　B．基带板

　　C．电源模块　　　　　　　D．以上都是

4．（多选）5G设备安装操作要求包括（　　）。

　　A．高空作业必须获得资质证书

　　B．在铁塔或高处作业时不需关注天气

　　C．操作电气设备必须获得资质证书

　　D．工作前摘除影响设备搬运和安装的个人饰品

5．（判断）关于V9200的VBP板的功能，下面说法正确的是（　　）。

　　A．与结构子系统一起实现所有子系统的互联

　　B．完成主控、系统时钟、IQ数据交换、信令处理功能

　　C．基带数据处理，完成虚拟化基站的业务

　　D．实现计算功能及存储功能

项目 3 5G 系统硬件安装与调试

反思 11

通过学习本任务,反思不足的地方:

_____
_____
_____
_____
_____

任务 3.4 5G 基站硬件调试

扫一扫看教学课件:上电流程与步骤

本任务是 5G 基站上电与调测,主要内容包括直流配电机柜上电步骤、BBU 上电步骤、AAU 上电步骤及上电异常处理等。本任务采用华为 ETP48100-B1 交流转直流电源和 DCDU 设备。

下面介绍上电流程与步骤。

电源线极性反接或正负极短路可能会造成设备功能异常、意外伤害,上电前请务必检查电源线连接正确。因上电检查涉及高电压操作,请在检查时注意安全,一旦与输入电压直接接触,或通过潮湿物件与电压间接接触,都可能造成生命危险。运行中的 BBU5900 业务板表面温度较高,维护时需注意抓握业务板前部拉手条区域,避免部件烫手跌落。

用万用表电阻挡测量设备的电源输入、输出端子与大地间的电阻值,确保无对地短路现象。如果站点配置了蓄电池柜,则将蓄电池柜中配电盒上的空气开关或开关置于"ON";否则跳过此步骤。开启外部电源空气开关,给 DCDU 上电。BBU5900A/RRU/DCDU 打开包装后,24 小时内必须上电;后期维护,下电时间不能超过 24 小时。上电调试流程如图 3-20 所示。

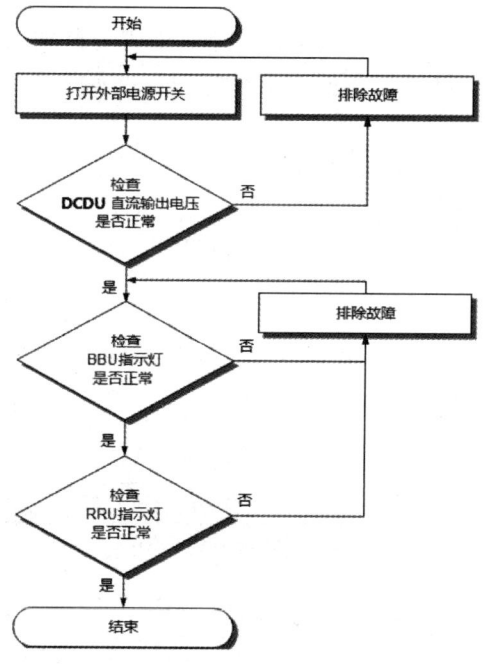

图 3-20 上电调试流程

1. 直流配电机柜上电步骤

（1）准备好安装工具和材料（检查桌面上的材料与工具是否齐全）。

（2）AAU 电源线 3 根、BBU 电源线 1 根，接地线若干根、十字螺丝刀 1 把、一字螺丝刀 1 把、管状端子若干、铜鼻子若干、剥线钳 1 把、压线钳 1 把、液压钳 1 套、热风枪 1 部，斜口钳 1 把、美工刀 1 把、扎带数根，辅料、防静电手套或手环等。

（3）正确佩戴防静电手环，并将防静电手环可靠接地（机柜上的防静电插孔）。

（4）将配电插箱的所有电源开关设置为 OFF 状态。

（5）将万用表拨至电阻挡，并用万用表测量机柜配电插箱电源输入端，确认电源未出现短路故障。

（6）将万用表拨至电压挡，并用万用表测量直流电源输出端，确认输出电压为额定电压。

（7）将配电插箱的电源开关置为 ON 状态，观察面板指示灯，确认电源运行正常。

2. BBU 上电步骤

（1）从 BBU 电源模块卸下电源线。

（2）开启输入 BBU 的配电单元电源开关，用万用表测量电源线的输出电压，判断电压情况。

（3）关闭输入 BBU 的配电单元电源开关。

（4）将电源线插到 BBU 电源模块单板上。

（5）开启输入 BBU 的配电单元电源开关，查看 BBU 电源模块指示灯的显示情况。如果电源模块单板指示灯 RUN 常亮，ALM 指示灯常灭，说明 BBU 上电完成。上电时如出现异常，应立即断开电源，检查异常原因。

3. AAU 上电步骤

（1）利用剥线钳剥去 DCDU 侧 AAU 电源线保护外套，注意不要划伤屏蔽层。

（2）将露出的线芯按照红线接正极，蓝线接负极的原则插入 DCDU 上 AAU 的电源接口。

（3）检查蓝线连接是否牢固，沿走线架布线，在线缆上粘贴标签并绑扎。

（4）关闭开关，通过指示灯状态判断 AAU 上电状态。

（5）安装完成后，整理工具，清扫现场，保持环境整洁。

4. 上电异常处理

检查各个模块的运行状态，正常状态指示如表 3-9 所示。当上电后内部组件供电异常时，按照表 3-10 进行处理。

表 3-9 各模块正常状态指示

模块	指示灯状态
BBU5900	RUN 指示灯：闪烁（0.125s 亮，0.125s 灭或 1s 亮，1s 灭）
	ALM 指示灯：常灭
AAU	RUN 指示灯：闪烁（1s 亮，1s 灭）
	ALM 指示灯：常灭

项目 3　5G 系统硬件安装与调试

表 3-10　故障应对措施

故障类型	应对措施
模块内所有部件供电不正常	检查电源线是否接反： 如果接线错误，将所有电源空气开关置于"OFF"，然后重新连接电源线。 如果接线正确，则更换电源部件
某块单板供电不正常	检查如下内容： 1．拔出单板，检查槽位背板插座是否有歪针、断针、缺针等问题，如有则更换插框。 2．把单板重新插入插框，观察单板指示灯是否正常。 3．如果指示灯不正常，将该单板拔出后插入框内同类单板的空闲槽位，再观察单板指示灯。 4．如果单板正常，说明槽位有问题，应更换插框。如果单板仍旧异常，说明单板有问题，应更换单板
模块内其他部件供电不正常	检查如下内容： 1．观察该部件供电端的熔丝端子座指示灯是否点亮（若部件的供电端不是熔丝端子座，则跳过此步骤，直接执行步骤 2）。 2．如果熔丝端子座指示灯亮，则说明熔丝故障，需更换熔丝。 3．如果熔丝端子座指示灯灭，则使用万用表测量该部件输入电源。如果输入电源正常，则更换该部件。 4．如果输入电源不正常，检查该部件电源线连接是否牢固。如果不牢固，关闭该部件供电端的电源空气开关（若无电源空气开关，则将电源线连接器拔出），然后重新连接电源线；如果电源线连接牢固，可能这些模块的配电空气开关或熔丝损坏，需要更换

思考与练习题 12

图 3-21 所示为通信设备电源极性接反导致通信机房起火后损毁现场。试讨论通信设备安全供电、安全施工的重要性。

图 3-21　通信机房起火后损毁现场

反思 12

通过学习本任务，反思不足的地方：

_____

_____

_____

_____

_____

实训 3　设备上电与硬件测试

1．实训目的

（1）掌握常见 5G 基站设备的上电流程。

（2）掌握常见 5G 基站设备的上电方法。

（3）掌握 5G 基站设备的上电注意事项。

（4）能够正确实现 BBU/AAU 的上电调测。

2．实训内容

5G 基站设备上电调测。

3．实训要求

熟悉基站上电调测过程，掌握基站上电调测的步骤和设备的更换方法。

4．实训时间

2 学时。

5．实训条件

真实设备实验室。

6．实训步骤

确保前面已经正确完成基站设备的安装和连线，然后分小组完成 BBU、AAU 的上电操作：

（1）BBU 上电；

（2）AAU 上电；

（3）保证上电正确，设备正常开启。

7．实训总结

本实训介绍了在 5G 基站上电的基本操作步骤，同时强调了上电过程中的注意事项，以及上电过程中需要严格遵守的工程规范，培养学生良好的职业素养。

8．考核评价标准

考核评价标准参考表 3-11。

项目 3　5G 系统硬件安装与调试

表 3-11　上电调测考核评价标准

内容	考核要求	配分	评分细则	师评
材料与工具准备	能够区分和使用常用安装材料与工具	2	1. 领取材料与工具时数量齐全且型号正确。（1分） 2. 领取材料与工具时轻拿轻放。（1分）	
安装电源模块	能够规范安装电源模块	4	1. 安装位置是否合理。（2分） 2. 安装是否牢固。（2分）	
机柜上电调测	能够规范完成机柜上电并进行调测	9	1. 是否佩戴防静电手环或手套。（2分） 2. 配电插箱的所有电源开关是否处于 OFF 状态。（2分） 3. 是否用万用表对交流电源输入和直流电源输出进行测量。（2分） 4. 机柜是否接地。（2分） 5. 电源线制作是否规范。（1分）	
BBU 上电调测	能够规范上电 BBU 并进行调测	15	1. 是否用万用表测量电源的输出电压。（1分） 2. 电源线制作是否规范。（2分） 3. BBU 电源线连接位置是否正确。（1分） 4. 电源线连接极性是否正确。（2分） 5. 上电测试前，是否断电。（2分） 6. 能够根据指示灯状态分析和解决故障。（7分）	
AAU 上电调测	能够规范上电 AAU 并进行调测	16	1. 是否用万用表测量电源的输出电压。（1分） 2. 电源线制作是否规范。（1分） 3. 电源线连接位置是否正确。（1分） 4. 电源线连接极性是否正确。（2分） 5. 上电测试前，是否断电。（2分） 6. 电源线是否做接地处理。（2分） 7. 能够根据指示灯状态分析和解决故障。（7分）	
安全文明操作	养成良好的职业习惯，安装完成后能主动清洁环境，整理工具	4	1. 收拾整理安装工具。（2分） 2. 安装完成后对现场进行清理。（2分）	
总分				

思考与练习题 13

扫一扫看思考与练习题 13 答案

1．（判断）上电与调测操作时，必须使用专用工具，不得使用普通工具。（　　）
2．（判断）操作时严禁佩戴手链、手镯、戒指等易导电物体。（　　）

3．（单选）为避免人为损坏模块，安装维护人员须尽量避免对模块带电插拔。必须插拔的，插拔过程中（　　）。

  A．要佩戴胶皮手套   B．要佩戴防静电手环

  C．要佩戴塑料手套   D．可徒手操作

4．（判断）电源线与 DUCU 接线端子连接时，必须用管状端子与接线端子连接。（　　）

反思 13

通过学习本任务，反思不足的地方：

_____

_____

_____

_____

_____

项目 4

5G 基站的数据配置与调试

项目内容：在项目 3 中，硬件设备已安装完成并验收合格，接下来需要开通 5G 业务。运营商要求开局软件工程师根据附录 C 所给出的网络规划参数，进行基站数据开局，确保后台数据配置准确无误并填写开局记录。

📖 知识目标

了解 MML 命令配置。
掌握 5G 基站设备参数配置。
掌握 5G 基站基本参数配置。
掌握 5G 基站传输参数配置。
掌握 5G 基站无线参数配置。
掌握 5G 基站业务调试。

📖 能力目标

能够独立完成 5G 基站的数据配置与调试。

📖 素质目标

锻炼学生的动手操作能力，促进理论与实践相结合。

思维导图

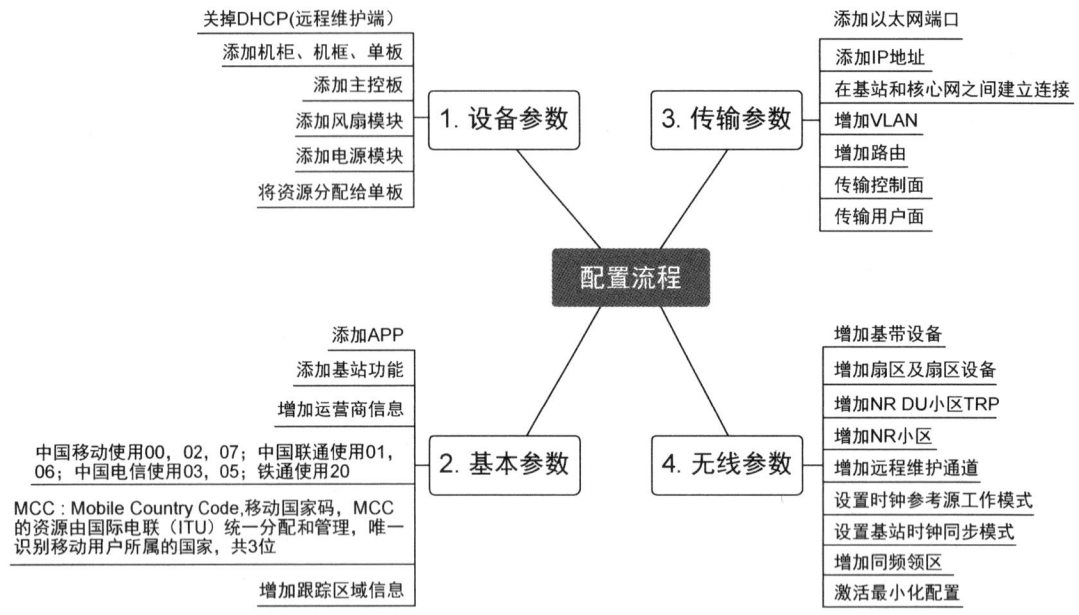

寄语读者

学习 5G 基站参数配置与调试，在实践操作中体会细致严谨的工匠精神，培养通信从业者肩负行业、服务社会的责任感。

任务 4.1　熟悉 MML 命令

扫一扫看教学课件：gNodeB 数据配置工具

为了方便教学，本书统一采用华为的 MML 离线工具进行演示和操作，其登录界面如图 4-1 所示。

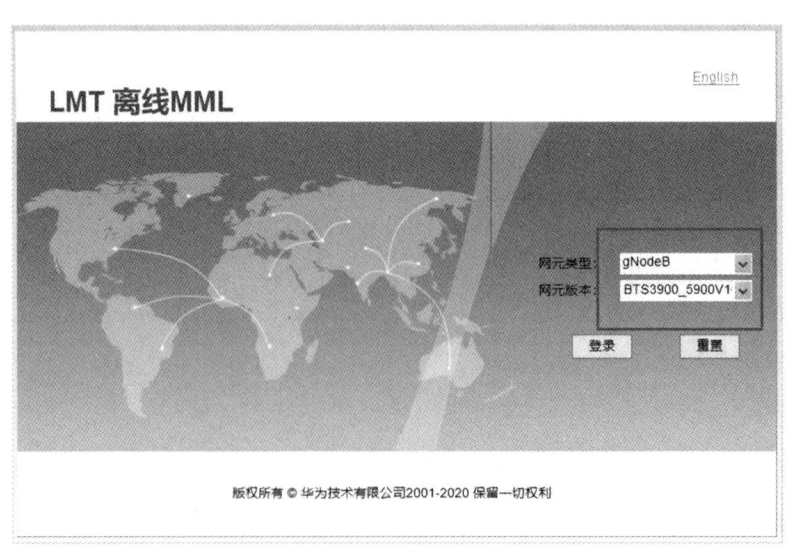

图 4-1　华为离线工具 MML 的登录界面

项目 4 5G 基站的数据配置与调试

注意：在进入 MML 主界面前，网元类型要选择 gNodeB，否则在后面的操作过程中部分命令可能无法执行。

本节主要介绍了常用的 MML 命令的功能、命令格式和操作类型。基站的 MML 命令用于实现整个基站的操作维护，主要包括系统管理、设备管理、传输管理、告警管理。离线工具 MML 的主界面如图 4-2 所示。

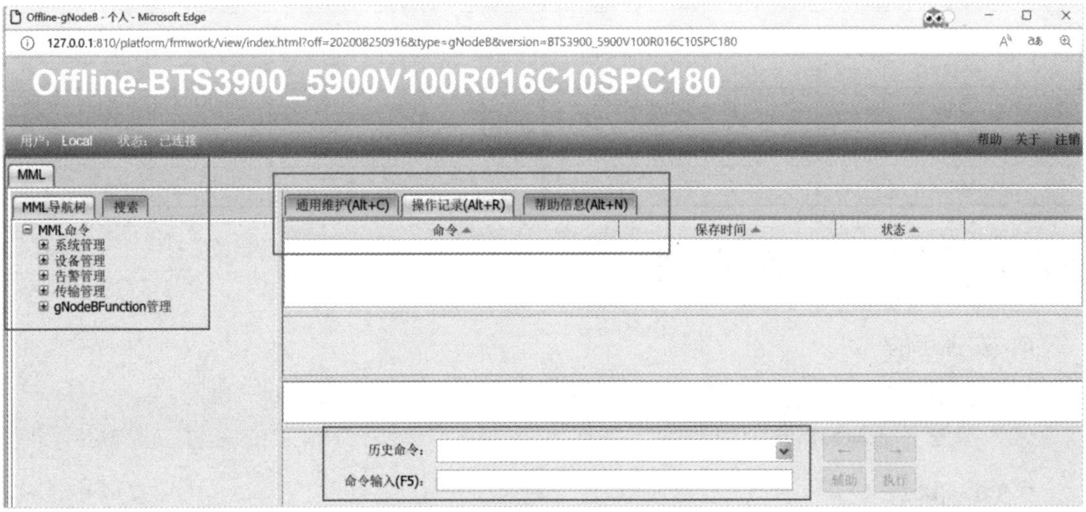

图 4-2 离线工具 MML 的主界面

1．MML 命令的格式

MML 命令的格式为：

命令字：参数名称=参数值

命令字是必需的，但参数名称和参数值不是必需的，可根据具体的 MML 命令而定。

例如，如图 4-3 所示，在命令输入框中输入"SET ALMSHLD"，将告警编号设置为 25600，将屏蔽标志设置为 UNSHIELDED（不屏蔽），设置完成后，系统自动生成如下英文脚本命令代码：

```
SET ALMSHLD: AID=25600, SHLDFLG=UNSHIELDED。
```

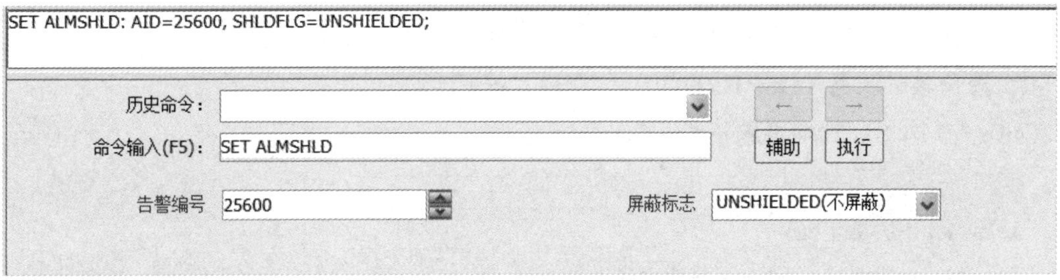

图 4-3 设置告警屏蔽操作界面

2．MML 命令的操作类型

MML 命令采用"动作+对象"的格式，主要的操作类型如表 4-1 所示。

表 4-1　MML 命令主要的操作类型说明表

动作英文缩写	动作含义	动作英文缩写	动作含义
ACT	激活	RMV	删除
ADD	增加	RST	复位
BKP	备份	SET	设置
BLK	闭塞	STP	停止（关闭）
CLB	校准	STR	启动（打开）
DLD	下载	SCN	扫描
DSP	查询动态数据	UBL	解闭塞
LST	查询静态数据	ULD	上传
MOD	修改		

实训 4　常见 MML 命令操作

1．实训目的

（1）掌握常见 MML 命令格式。

（2）掌握常见 MML 命令的参数。

2．实训内容

常见 MML 命令的操作。

3．实训要求

对常见 MML 命令进行熟练操作。

4．实训时间

2 学时。

5．实训条件

离线工具 MML。

6．实训步骤

在 MML 中，按照下列步骤逐条练习命令操作。

1）查询单板状态（DSP BRD）

如图 4-4 所示，查询单板状态。

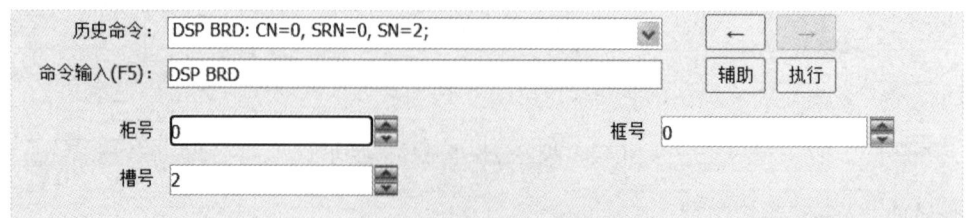

图 4-4　查询单板状态（DSP BRD）

项目 4　5G 基站的数据配置与调试

2）闭塞单板（BLK BRD）

如图 4-5 所示，闭塞单板。

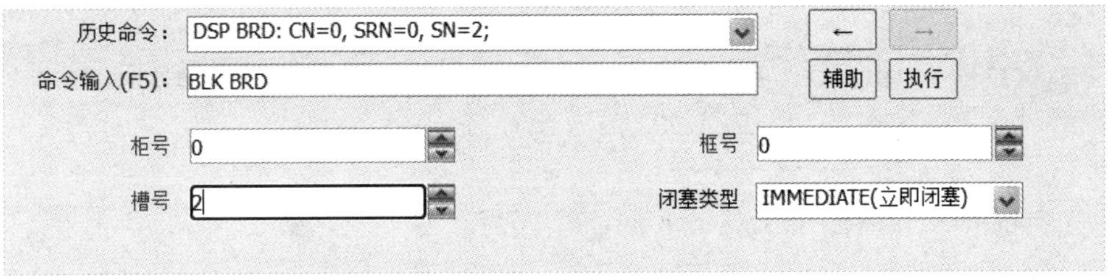

图 4-5　闭塞单板（BLK BRD）

3）解闭塞单板（UBL BRD）

如图 4-6 所示，解闭塞单板。

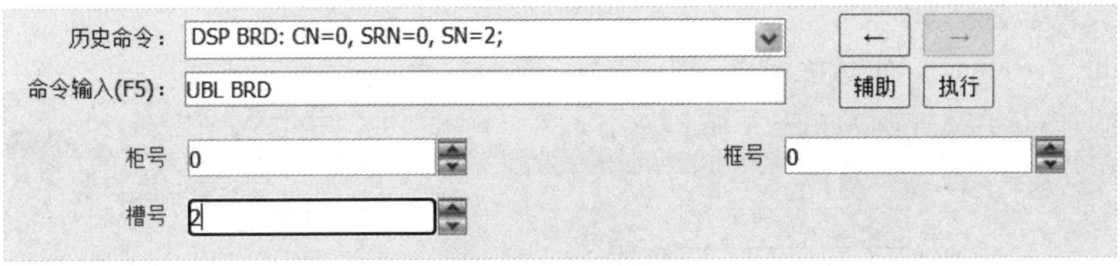

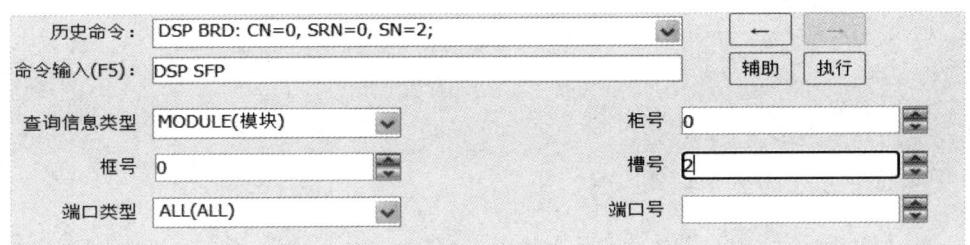

图 4-6　解闭塞单板（UBL BRD）

4）查询光/电模块信息（DSP SFP）

如图 4-7 所示，查询光/电模块信息。

图 4-7　查询光/电模块信息（DSP SFP）

5）查询单板制造信息（DSP BRDMFRINFO）

如图 4-8 所示，查询单板制造信息。

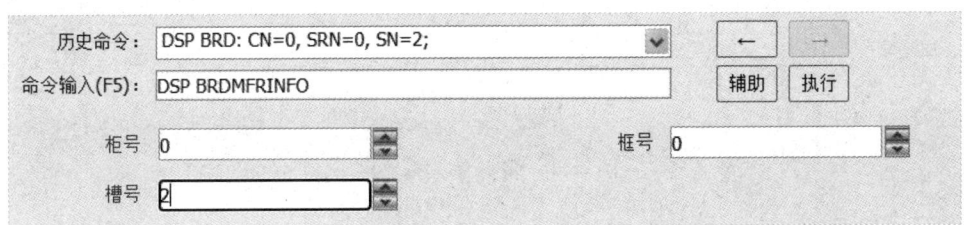

图 4-8　查询单板制造信息（DSP BRDMFRINFO）

6）查询小区属性

如图 4-9 所示，查询小区属性。

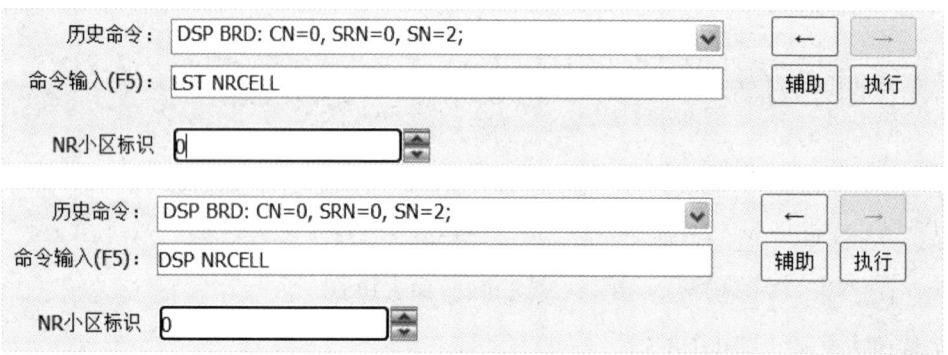

图 4-9　查询小区属性

7）激活/去激活小区

如图 4-10 所示，激活/去激活小区。

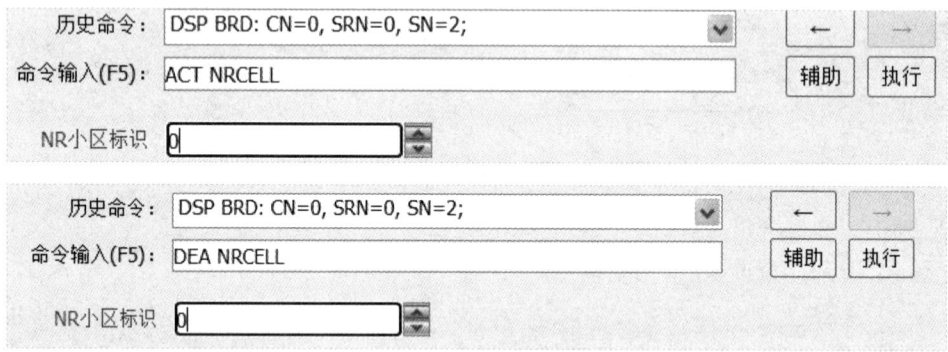

图 4-10　激活/去激活小区

8）闭塞/解闭塞小区

如图 4-11 所示，闭塞/解闭塞小区。

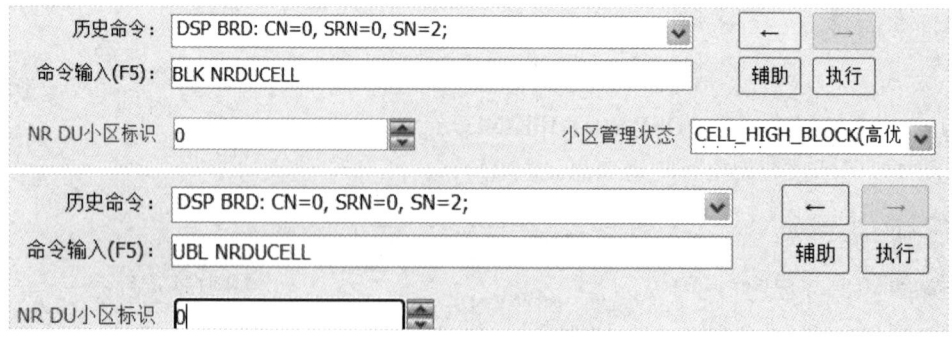

图 4-11　闭塞/解闭塞小区

7．实训总结

本实训介绍了常见 MML 命令的操作方法，要求学生耐心地逐条输入命令并理解每条命令的作用，培养学生耐心细致的职业素养。

项目 4　5G 基站的数据配置与调试

扫一扫看思考与练习题 14 答案

思考与练习题 14

1．基站的 MML 命令格式主要包括哪几个部分？
2．在进入 MML 主界面前，为什么网元类型必须选择 gNodeB？

反思 14

通过学习本任务，反思不足的地方：

任务 4.2　LMT 与远端维护通道建立

4.2.1　LMT 的概念

LMT 是一个逻辑概念，指安装了"华为本地维护终端"软件组，并与网元连通的操作维护终端。通过 LMT 可以对网元进行相应操作和维护，如图 4-12 所示。

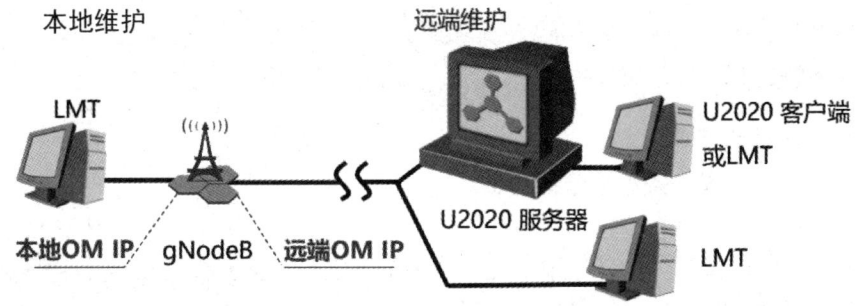

图 4-12　5G 基站维护组网图

WebLMT 分为内置 WebLMT 和外置 WebLMT，需根据特定的场景选择。LMT 主要用于辅助开站、近端定位和排除故障。使用 LMT 对基站进行操作维护的场景如下：

（1）当基站开站，且基站未接入移动网元管理系统（MAE）时，可使用 LMT 近端开站。
（2）当基站与 MAE 之间通信中断时，可使用 LMT 到近端定位和排除故障。
（3）当基站产生告警，需要在近端更换单板时，可使用 LMT 辅助定位和排除故障。

LMT 使用图形化用户界面，便于用户通过 Web 页面对基站进行操作和维护，它提供了以下本地维护功能，如图 4-13 所示。

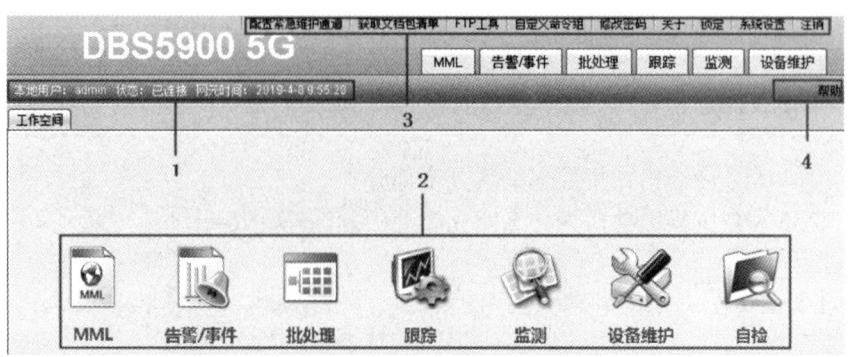

1—状态栏；2—功能按钮区；3—菜单栏；4—其他（帮助，布局）

图 4-13　DBS5900 LMT 界面

（1）执行 MML 命令。
（2）告警/事件管理。
（3）批处理。
（4）跟踪管理。
（5）监测管理。
（6）设备维护。
（7）自检管理。

4.2.2　主要命令

1. 打开/关闭远端维护端口

SET DHCPSW：关掉 DHCP。

例如：

```
SET DHCPSW: SWITCH=DISABLE;
```

上述代码的含义是关掉 DHCP。

2. 设置远端维护通道

ADD OMCH：配置一条远端维护通道。

例如：

```
ADD OMCH: BEAR=IPV4, IP="10.10.25.8", MASK="255.255.255.0",PEERIP="10.25.36.9",
PEERMASK="255.255.255.0", BRT=NO, CHECKTYPE=NONE;
```

上述代码的含义是：增加远端维护通道，承载类型为"IPV4"，本端 IP 地址为"10.10.25.8"，本端子网掩码为"255.255.255.0"，对端 IP 地址为"10.25.36.9"，对端子网掩码为"255.255.255.0"，绑定路由为"否"，检测类型为"不检测"。

实训 5　远端维护通道开启、关闭

1. 实训目的

（1）掌握远端维护通道开启、关闭的命令。
（2）掌握远端维护通道开启、关闭命令的参数。

2. 实训内容

远端维护通道开启、关闭的操作。

3. 实训要求

熟练操作远端维护通道的开启、关闭。

4. 实训时间

2 学时。

5. 实训条件

离线工具 MML。

6. 实训步骤

如图 4-14 所示,在 MML 中,输入以下命令:SET DHCPSW: SWITCH=DISABLE; 此命令的含义是关闭远端维护通道。

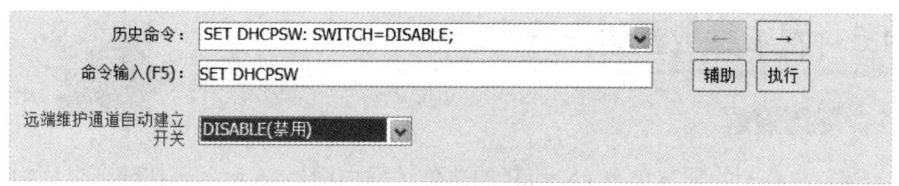

图 4-14 关掉远端维护通道

增加远端维护通道的配置,如图 4-15 所示。

```
ADD OMCH: BEAR=IPV4, IP="185.3.18.2", MASK="255.255.255.0", PEERIP="192.168.12.101",
PEERMASK="255.255.255.0", BRT=NO, CHECKTYPE=NONE;
```

上述代码的含义是增加远端维护通道,承载类型为"IPV4",本地 IP 地址为"185.3.18.2",本地子网掩码为"255.255.255.0",对端 IP 地址为"192.168.12.101",对端子网掩码为"255.255.255.0",绑定路由为"否",检测类型为"不检测"。

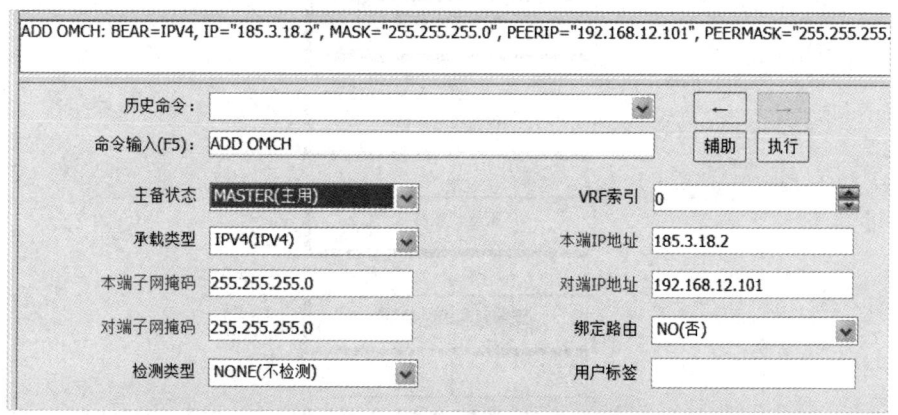

图 4-15 增加远端维护通道的配置

7. 实训总结

本实训介绍了开启和关闭远端维护通道的方法,要求学生认真分析参数,培养学生认真思考的职业素养。

思考与练习题 15

使用 LMT 对基站进行维护的场景有哪些？

扫一扫看思考与练习题 15 答案

反思 15

通过学习本任务，反思不足的地方：

_____
_____
_____
_____

任务 4.3 基本参数配置流程及命令

扫一扫看教学课件：gNodeB 全局数据配置

4.3.1 配置流程

基于 MML 命令初始配置单个 gNodeB 的总体流程如图 4-16 所示。在配置过程中，主要包括：删除原始默认数据、配置基本参数、配置设备参数、配置传输参数、配置时间和时钟数据、配置无线参数。为了方便大家阅读，本书将配置时间和时钟数据放在配置设备数据中讲解。

扫一扫看微课视频：gNodeB 全局参数配置

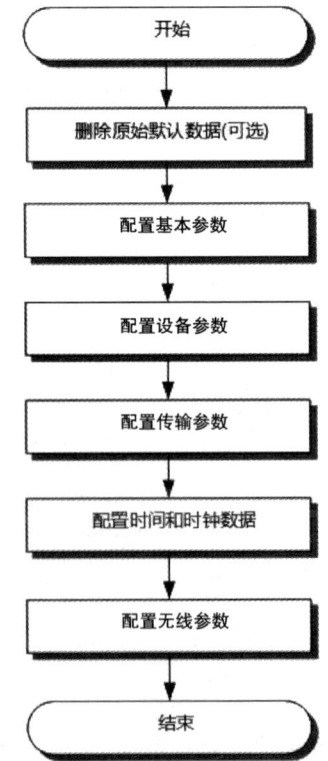

图 4-16 基于 MML 命令初始配置单个 gNodeB 的总体流程

4.3.2 常用命令

基本参数包括可选项和必配项。其中可选项有位置信息、基站属性、工程状态,必配项包含基站功能和运营商。基本参数配置命令如表 4-2 所示。

表 4-2 基本参数配置命令

功能	命令	说明
位置信息（可选）	执行 MML 命令 ADD LOCATION,增加位置信息	—
基站属性（可选）	执行 MML 命令 SET NE,设置网元名称、站点位置、部署标识、站点名称	如果后续调测基站时,需要通过 Deployment ID 绑定基站,则"部署标识"取值必须满足 Code128 条形码规范,即建议使用这些字符：A~Z、a~z、0~9、_和-,其长度控制在 50 个字符以内
工程状态（可选）	执行 MML 命令 SET MNTMODE,设置网元工程状态	数据准备请参见基站工程状态管理
基站功能	执行 MML 命令 ADD GNODEBFUNCTION,添加 gNodeB 功能	执行命令时,需要保证网络中所有基站的"gNodeB 标识长度"参数取值相同。在网络共享场景下,共享该基站的不同运营商的网络的"gNodeB 标识长度"也需要规划为相同的值
运营商	执行 MML 命令 ADD GNBOPERATOR,添加运营商信息。 执行 MML 命令 ADD GNBTRACKINGAREA,添加 gNodeB 支持的跟踪区域配置信息	请参见《小区管理特性参数描述》。 执行 MML 命令 ADD GNBOPERATOR 时,对于参数"NrNetworkingOption"有如下要求: 如果基站采用 NSA 组网,参数"NrNetworkingOption"需要配置为"NSA"; 如果基站采用 SA 组网,参数"NrNetworkingOption"需要配置为"SA"; 如果基站采用 SA 和 NSA 组网,参数"NrNetworkingOption"需要配置为"SA_NSA"

1. 增加基站功能

ADD GNODEBFUNCTION：增加 gNodeB 的功能。

例如：

```
ADD GNODEBFUNCTION: gNodeBFunctionName="5G",ReferencedApplicationId=1,gNBId=0,
UserLabel="HuaWei";
```

上述代码的含义是增加 gNodeB 的功能,基站的名称为 5G,引用的应用标识为 1,gNodeB 标识为 0,用户标签为"HuaWei"。

2. 增加运营商信息

ADD GNBOPERATOR：增加运营商信息。

例如：

```
ADD GNBOPERATOR: OperatorId=0, OperatorName="5G_huawei", Mcc="302", Mnc="220",
OperatorType=PRIMARY_OPERATOR, NrNetworkingOption=SA;
```

上述代码的含义是增加运营商信息,运营商标识为 0,运营商名称为 5G_huawei,移动国家码为 302,移动网络码为 220,运营商类型为"主运营商",NR 架构选项为独立组网模式。

3．增加跟踪区域信息

ADD GNBTRACKINGAREA:增加 gNodeB 支持的跟踪区域信息。

例如:

```
ADD GNBTRACKINGAREA: TrackingAreaId=0, Tac=1;
```

上述代码的含义是增加 gNodeB 跟踪区域信息,跟踪区域标识为 0,跟踪区域码为 1。

实训 6　基本参数配置

1．实训目的

(1)掌握配置基本参数的命令;
(2)熟悉配置命令参数的含义。

2．实训内容

基本参数配置。

3．实训要求

熟练掌握基本参数配置。

4．实训时间

2 学时。

5．实训条件

离线工具 MML。

6．实训步骤

如表 4-3 所示,网络参数的国家码是 86,MCC 为 262,MNC 为 3,TAC 为 1,具体配置方法如下。

表 4-3　网络规划参数

国家码	MCC	MNC	TAC
86	262	3	1

注意:添加前先执行 LST APP 命令看是否已有相应 APP,如果有,则此处不需要再添加。

如图 4-17 所示,添加 APP。

```
ADD APP: AID=1(默认 1), AT=gNodeB, AN="5G", APPMNTMODE=NORMAL;
```

上述代码的含义是添加 APP,其中 APP 的 ID 为 1,应用类型为"gNodeB",应用名称为 5G,应用工程状态为普通。

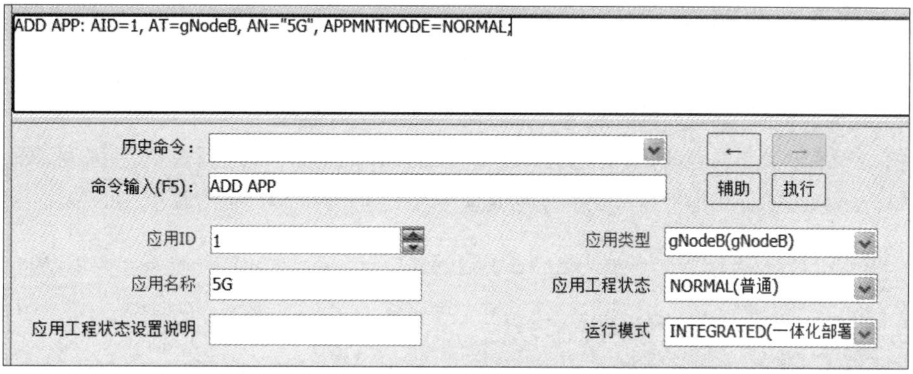

项目 4　5G 基站的数据配置与调试

```
ADD APP: AID=1, AT=gNodeB, AN="5G", APPMNTMODE=NORMAL;
```

图 4-17　添加 APP

注意：等 APP 生效后，如图 4-18 所示，执行如下代码：

```
ADD GNODEBFUNCTION: gNodeBFunctionName="NR", ReferencedApplicationId=1,
gNBId=9003, gNBIdLength=22;
```

上述代码的含义是添加基站功能，其中基站功能名为 NR，引用的应用标识为 1，gNodeB 标识为 9003，gNodeB 标识长度为 22。

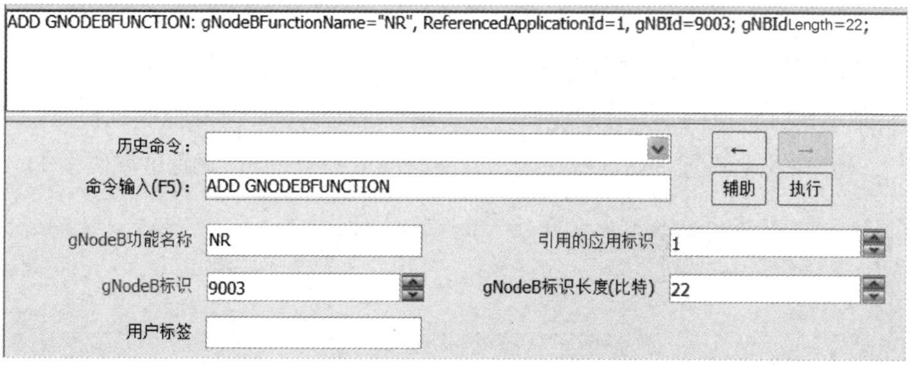

图 4-18　添加基站功能

如图 4-19 所示，设置基站的模式。

```
SET NODE: WM=NON-CONCURRENT;
```

上述代码的含义是设置基站的模式，将部署类型设置为非多模。

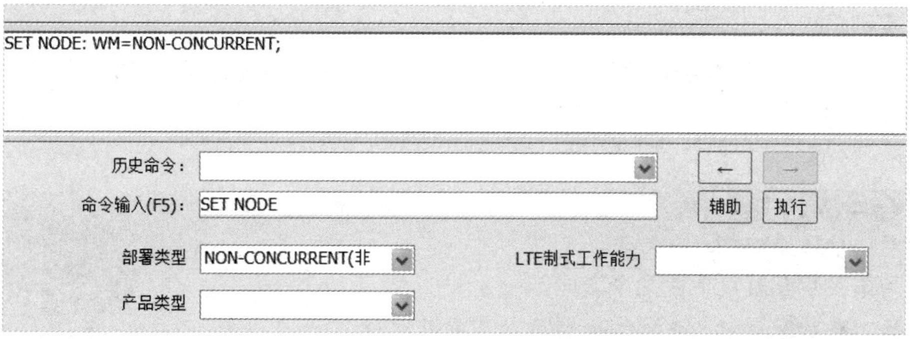

图 4-19　设置基站的模式

5G 基站运行与维护

如图 4-20 所示，添加基站的运营商。

```
ADD GNBOPERATOR: OperatorId=0, OperatorName="5G", Mcc="262", Mnc="03", OperatorType=PRIMARY_OPERATOR, NrNetworkingOption=SA;
```

上述代码的含义是添加基站的运营商，运营商的标识为 0，运营商的名称为 5G，移动国家码为 262，移动网络码为 03，运营商的类型为主运营商，NR 架构选项为 SA。

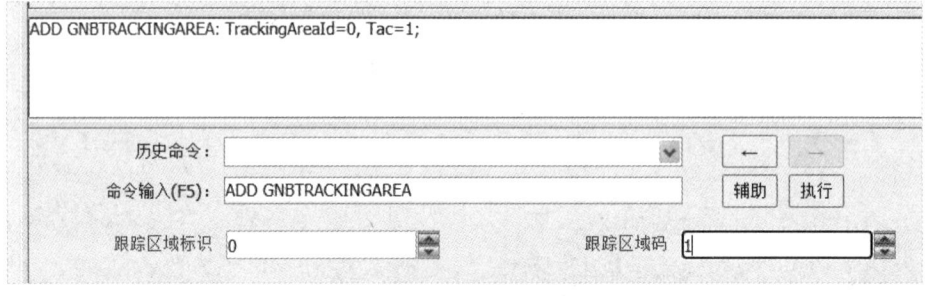

图 4-20 添加基站的运营商

如图 4-21 所示，设置基站的跟踪区。

```
ADD GNBTRACKINGAREA: TrackingAreaId=0, Tac=1;
```

上述代码的含义是设置基站的跟踪区，其跟踪区域标识为 0，跟踪区域码为 1。

图 4-21 设置基站的跟踪区

7. 实训总结

本实训介绍了基站基本参数的配置方法和步骤，要求学生认真理解参数，培养学生勤于思考的职业素养。

思考与练习题 16

1. 基本参数配置包括哪几个方面？
2. 基本参数配置时，有哪些需要特别注意的地方？

扫一扫看思考与练习题 16 答案

项目 4　5G 基站的数据配置与调试

反思 16

通过学习本任务，反思不足的地方：

_____
_____
_____
_____
_____
_____
_____
_____

任务 4.4　设备参数配置命令

扫一扫看教学课件：gNodeB 设备参数配置

4.4.1　配置 BBU 机柜、机框和单板

扫一扫看微课视频：gNodeB 设备参数配置

1. 增加机柜

ADD CABINET：增加机柜。

例如：

```
ADD CABINET: CN=0, TYPE=APM30, DESC="APM30 Cabinet";
```

上述代码的含义为：增加机柜，柜号为 0，机柜型号为 APM30，机柜描述为"APM30 Cabinet"。

2. 增加机框

ADD SUBRACK：增加 BBU 框或 RFU 框，其他类型的机框在用户增加设备时自动生成，不需要通过该命令添加。

例如：

```
ADD SUBRACK: CN=0, SRN=0, TYPE=BBU3900;
```

上述代码的含义为：增加机框，柜号为 0，框号为 0，机框型号为 BBU3900。

3. 增加单板

ADD BRD：增加一块单板（只针对 BBU 框内的单板）。当增加的单板为 FAN 单板时，可以配置 FAN 调速采用的温度控制模式编号。

例如：

```
ADD BRD: CN=0, SRN=0, SN=0, BT=UTRP, SBT=UTRPc;
```

上述代码的含义为：增加单板，柜号为 0，框号为 0，槽号为 0，单板类型为"UTRP"，扣板类型为"UTRPc"。

4.4.2 配置射频单元

描述配置射频单元需要准备的数据。根据现场实际规划的射频单元进行配置。

1. 增加 RRU 链环

ADD RRUCHAIN：增加 RRU 链环，目的是在链或者环上增加设备，包括主链环和分支链环，主链环即通过基带控制板光口连接的链环，分支链环即通过 RHUB 或 RMU 端口连接的链环。

例如：

```
ADD RRUCHAIN: RCN=1, TT=CHAIN, BM=COLD, AT=LOCALPORT, HSRN=0, HSN=3, HPN=1;
```

上述代码的含义为：增加 RRU 链环，链环号为 1，组网方式为"链型"，备份模式为"冷备份"，接入方式为"本地端口"，链/环头柜号为 0，链/环头框号为 0，链/环头槽号为 3，链/环头光口号为 1。

2. 增加 RRU/RFU

ADD RRU：在指定的链环上增加 RRU/RFU。

例如：

```
ADD RRU: CN=0, SRN=60, SN=0, TP=TRUNK, RCN=0, PS=0, RT=MRRU, RS=UO, RXNUM=2, TXNUM=2, ALMPROCSW=ON, ALMPROCTHRHLD=30, RFDS=0, SCR=6.1, IFFREQ=0, MNTMODE=NORMAL;
```

上述代码的含义为：增加 RRU/RFU，柜号为 0，框号为 60，槽号为 0，拓扑位置为"主链环"，RRU 链/环编号为 0，RRU 在链环中插入位置为 0，RRU 类型为"MRRU"，制式为"UMTS 单模"，接收通道个数为 2，发射通道个数为 2，驻波比告警后处理开关"打开"，驻波比告警后处理门限为 30，RRU 射频去敏参数为 0，RRU 从口线速率为 6.1，干扰频率为 0，工程状态为"普通"。

4.4.3 配置时钟数据

描述配置时钟数据时需要准备的数据。FDD 场景下的时钟数据不要求必须同步，为选配操作；TDD 场景下的时钟数据要求必须同步，为必配操作。本书主要以 GPS 时钟源为教学案例进行讲解。

1. 增加 GPS

ADD GPS：增加一条 GPS 时钟链路。增加 GPS 时钟链路后，如果网元能够正常获取 GPS 时钟的同步信号，则该时钟链路的状态会变为可用。

例如：

```
ADD GPS: GN=0, CN=0, SRN=0, SN=7, CABLE_LEN=1000, MODE=GPS, PRI=4, POSCHECKSW=ON;
```

上述代码的含义为：增加 GPS 时钟链路，链路编号为 0，柜号为 0，框号为 0，槽号为 7，馈线长度为 1000 米，工作模式为 GPS，优先级为 4，位置核查开关为"ON"。

2. 设置时钟参考源工作模式

SET CLKMODE：设置时钟参考源工作模式。

例如：
```
SET CLKMODE: MODE=MANUAL, CLKSRC=GPS, SRCNO=0;
```
上述代码的含义为：设置时钟参考源工作模式，时钟工作模式为"手动"，指定的时钟参考源为 GPS，时钟参考源编号为 0。

3．设置基站时钟同步模式

SET CLKSYNCMODE：设置基站时钟同步模式、系统时钟锁定源。

例如：

```
(1) SET CLKSYNCMODE: CLKSYNCMODE=FREQ;
```
上述代码的含义为：设置基站时钟同步模式，同步模式为"频率同步"。

```
(2) SET CLKSYNCMODE: CLKSYNCMODE=TIME;
```
上述代码的含义为：设置基站时钟同步模式，同步模式为"时间同步"。

```
(3) SET CLKSYNCMODE: SYSCLKSRC=INTER_SYSCLK;
```
上述代码的含义为：设置系统时钟锁定源，系统时钟锁定源为"互联系统时钟"。

```
(4) SET CLKSYNCMODE: CLKSYNCMODE=FREQ, FRAMESYNCSW=ON;
```
上述代码的含义为：设置基站时钟同步模式为"频率同步"，帧同步开关为"ON"。

```
(5) SET CLKSYNCMODE: CLKSYNCMODE=TIME, LOOSETIME=ON;
```
上述代码的含义为：设置基站时钟同步模式为"时间同步"，宽松时间同步开关为"ON"。

实训 7 配置设备参数

1．实训目的
（1）掌握设备参数的配置命令。
（2）熟悉配置命令参数的含义。

2．实训内容
配置设备参数。

3．实训要求
熟练配置设备参数。

4．实训时间
2 学时。

5．实训条件
离线工具 MML。

6．实训步骤
根据图 4-22 所示的设备 BBU 5900 的单板分布情况，在 MML 中完成设备参数输入练习。

单板分布			
FAN	UBBP		
	UBBP		
		UMPT	UPEU
槽位号			
slot16	slot0	slot1	
	slot2	slot3	
	slot4	slot5	slot19
	slot6	slot7	

图 4-22　BBU 5900 单板槽位分布情况

1）添加机柜、机框和 BBU 数据

如图 4-23 所示，添加机柜。

```
ADD CABINET: CN=0, TYPE=BTS5900;
```

上述代码的含义为：添加机柜，其中柜号为 0，机柜型号为 BTS5900。

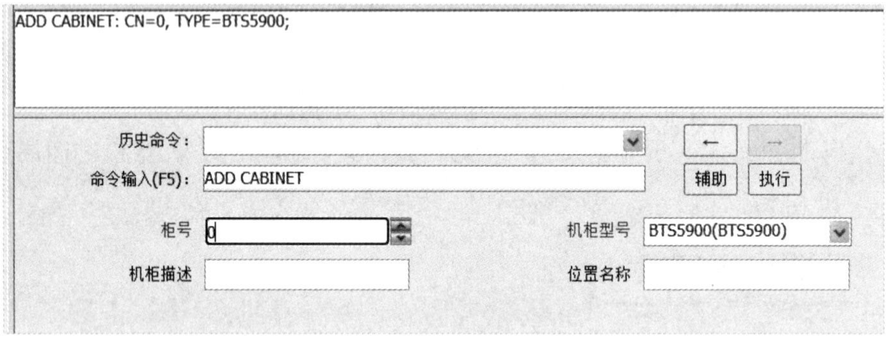

图 4-23　添加机柜

如图 4-24 所示，添加机框。

```
ADD SUBRACK: CN=0, SRN=0, TYPE=BBU5900;
```

上述代码的含义为：在机柜中添加机框，机框属于机柜 0，框号为 0，机框型号为 BBU5900。

注意：系统默认 0 柜 0 框。

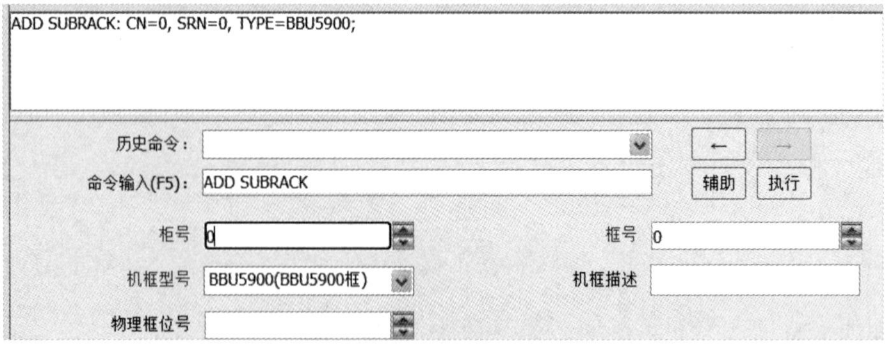

图 4-24　添加机框

项目4 5G基站的数据配置与调试

如图 4-25 所示，添加第一块 UBBP 单板。

ADD BRD: SN=2, BT=UBBP, BBWS=GSM-0&UMTS-0<E_FDD-0<E_TDD-1&NBIOT-0&NR-1;

上述代码的含义为：添加一块单板，单板的槽号为 2，单板的类型为 UBBP，基带工作制式为 GSM-0&UMTS-0<E_FDD-0<E_TDD-1&NBIOT-0&NR-1。

注意：单板的槽号与实际位置必须一一对应。

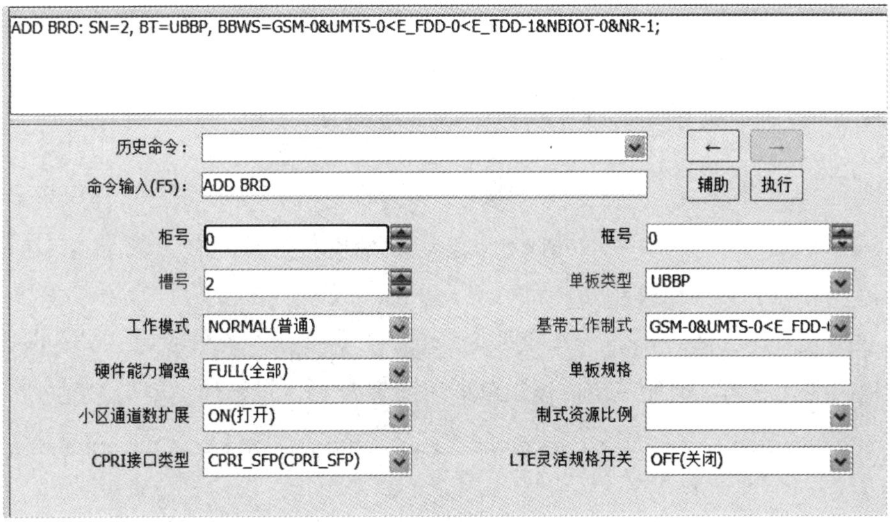

图 4-25 添加第一块 UBBP 单板

如图 4-26 所示，添加第二块 UBBP 单板。

ADD BRD: SN=4, BT=UBBP, BBWS=GSM-0&UMTS-0<E_FDD-0<E_TDD-1&NBIOT-0&NR-1;

上述代码的含义为：添加一块单板，单板的槽号为 4，单板的类型为 UBBP，基带工作制式为 GSM-0&UMTS-0<E_FDD-0<E_TDD-1&NBIOT-0&NR-1。

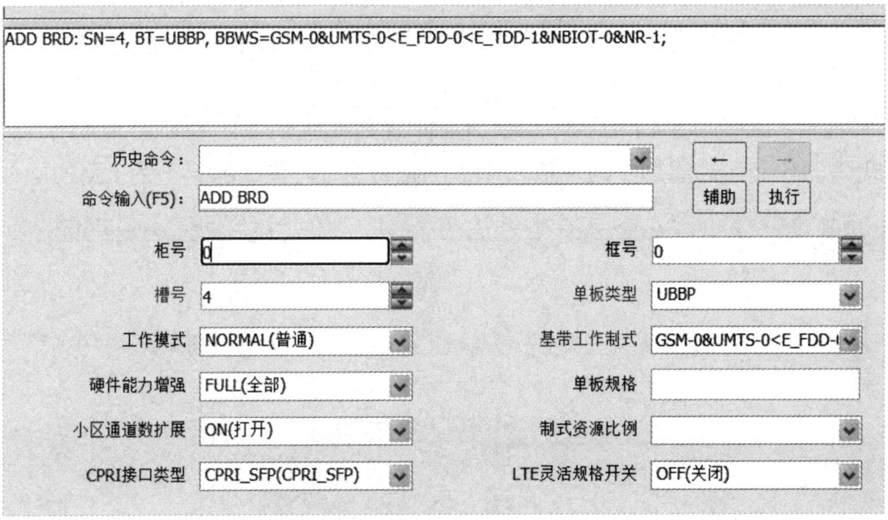

图 4-26 添加第二块 UBBP 单板

如图 4-27 所示，添加风扇模块。

```
ADD BRD: SN=16, BT=FAN;
```

上述代码的含义为：添加一块单板，单板的槽号为16，单板的类型为FAN。

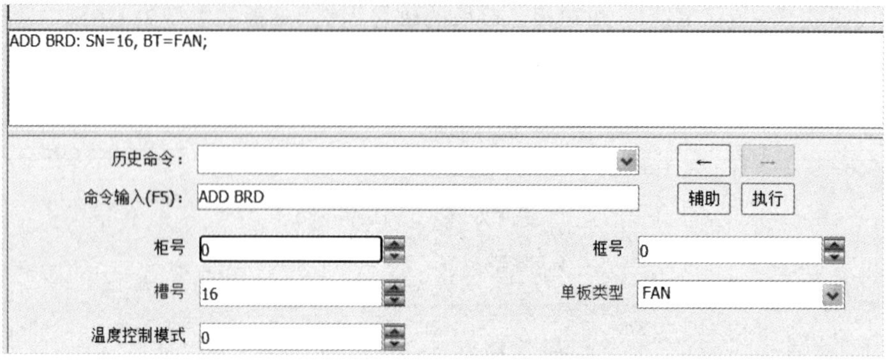

图4-27 添加风扇模块

如图4-28所示，添加电源模块。

```
ADD BRD: SN=19, BT=UPEU;
```

上述代码的含义为：添加一块单板，单板的槽号为19，单板的类型为UPEU。

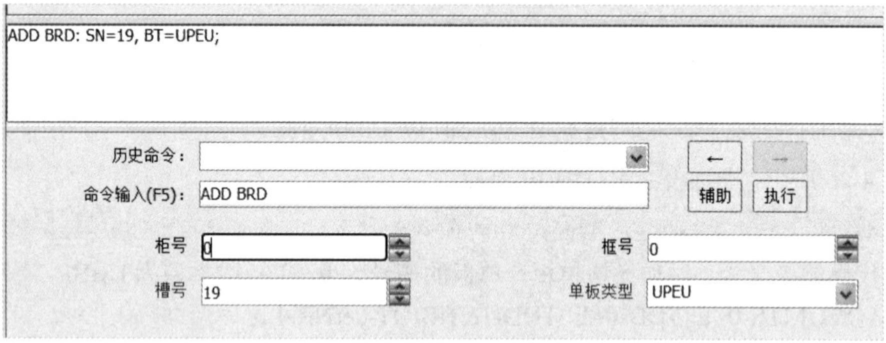

图4-28 添加电源模块

如图4-29所示，添加主控板。

```
ADD BRD: SN=7, BT=UMPT;
```

上述代码的含义为：添加一块单板，单板的槽号为7，单板的类型为UMPT。

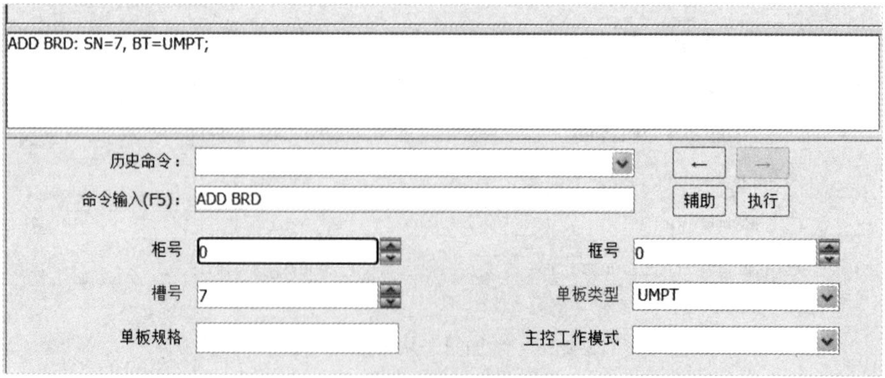

图4-29 添加主控板

项目 4　5G 基站的数据配置与调试

如图 4-30 所示，将资源分配给单板。

```
SET BRDRESASSIGNMENT: CN=0, SRN=0, SN=7;
```

上述代码的含义为：将资源分配给 0 号机柜、0 号机框、7 号槽位的单板。

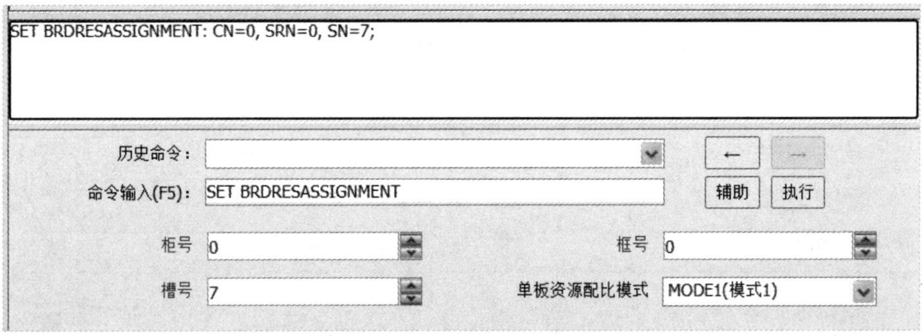

图 4-30　将资源分配给单板

2）配置射频单元

如图 4-31 所示，增加 RRU 链环。

```
ADD RRUCHAIN: RCN=1, TT=CHAIN, BM=COLD, AT=LOCALPORT, HSRN=0, HSN=2, HPN=0,
PROTOCOL=eCPRI, CR=AUTO, USERDEFRATENEGOSW=OFF;
```

上述代码的含义为：增加一个 RRU 链环，链环号为 1，组网方式为链型，备份模式为冷备份，接入方式为本端端口，链环归属的柜号为 0，框号为 0，槽号为 2，链/环头光口号为 0，协议类型为 eCPRI，CPRI 线速率为 AUTO（自协商），速率协商自定义开关关闭。

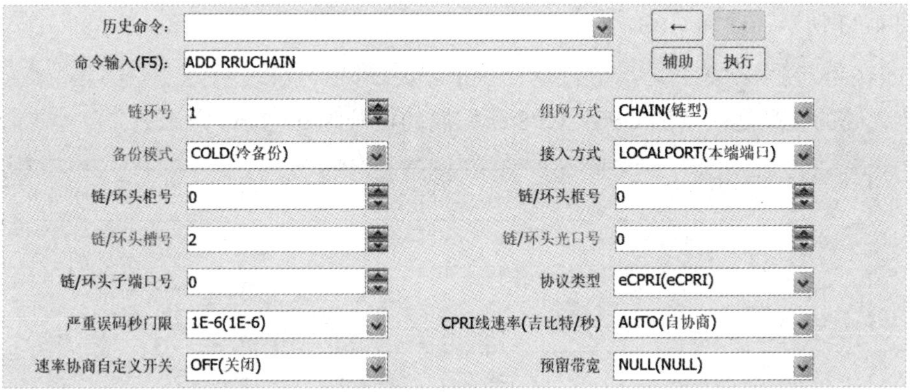

图 4-31　增加 RRU 链环

如图 4-32 所示，增加射频单元。

```
ADD RRU: CN=0, SRN=61, SN=0, TP=TRUNK, RCN=1, PS=0, RT=AIRU, RS=NO, RXNUM=
64, TXNUM=64, MNTMODE=NORMAL, RFTXSIGNDETECTSW=OFF;
```

上述代码的含义为：增加射频单元，归属机柜 0，框号为 61，槽号为 0，拓扑位置为主链环，RRU 链/环编号为 1，RRU 在链中的插入位置为 0，RRU 的类型为 AIRU，射频单元工作制式为"NO"，接收通道个数为 64，发射通道个数为 64，MNTMODE 工程状态为 NORMAL（普通），下行信号质量检测开关关闭。

103

5G 基站运行与维护

图 4-32 增加射频单元

使用同样的方法,添加另外两个小区的射频单元,请大家自己思考并操作。

3)设置时钟

如图 4-33 所示,增加 GPS。

```
ADD GPS: SRN=0, SN=7;
```

上述代码的含义是:增加 GPS,GPS 所归属的柜号为 0,槽号为 7。

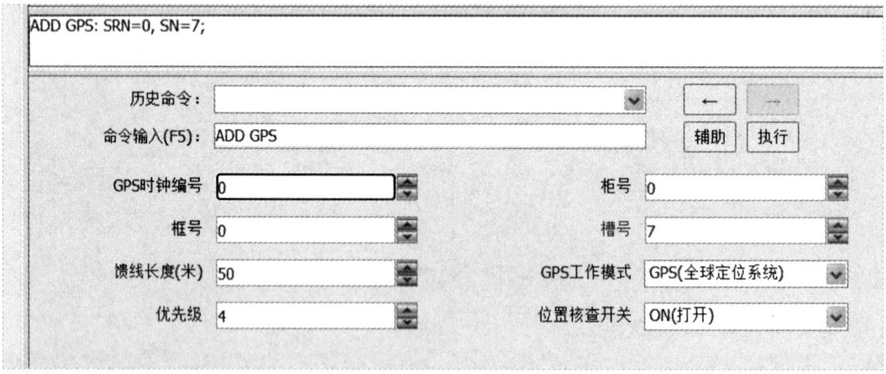

图 4-33 增加 GPS

如图 4-34 所示,设置时钟参考源工作模式。

```
SET CLKMODE: MODE=MANUAL, CLKSRC=GPS, SRCNO=0;
```

上述代码的含义是:设置时钟参考源工作模式,时钟的工作模式为 MANUAL(手动),指定的时钟参考源为 GPS,时钟参考源的编号为 0。

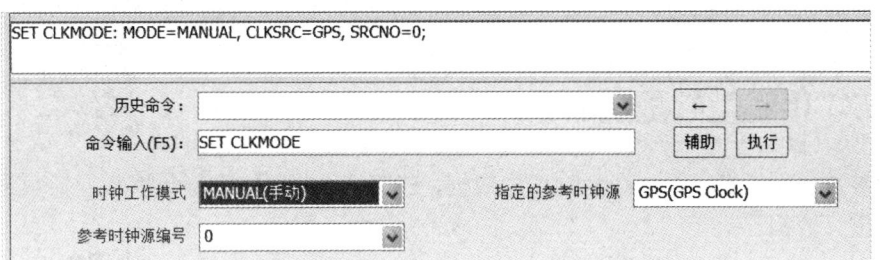

图 4-34 设置时钟参考源工作模式（图中"参考时钟源"应为"时钟参考源"）

如图 4-35 所示，设置基站时钟同步模式。

```
SET CLKSYNCMODE: CLKSYNCMODE=TIME;
```

上述代码的含义是：设置基站时钟同步模式，基站时钟同步模式为 TIME（时间同步）。

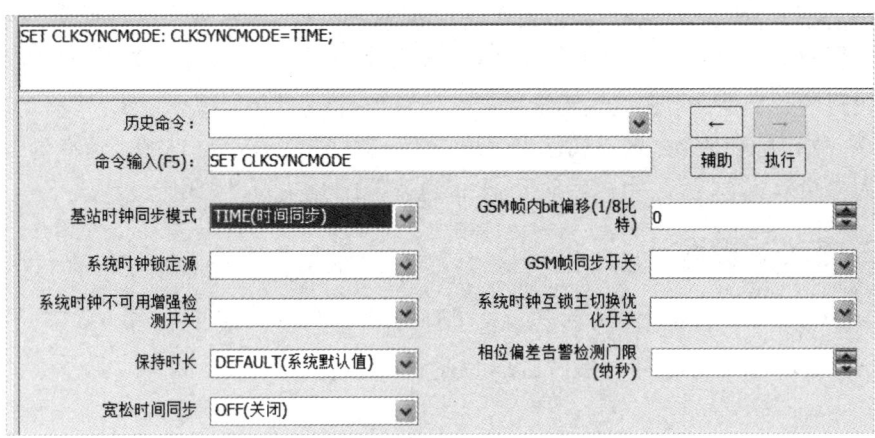

图 4-35 设置基站时钟同步模式

7．实训总结

本实训介绍了基本设备参数的配置方法和步骤，要求学生认真理解参数，培养学生仔细认真的职业素养。

思考与练习题 17

扫一扫看思考与练习题 17 答案

1．设备参数配置包括哪几个方面？
2．代码"ADD GPS: SRN=0, SN=7;"说明主控板在几号槽位？

反思 17

通过学习本任务，反思不足的地方：

任务 4.5 传输参数配置命令

扫一扫看教学课件：gNodeB传输参数配置

传输参数包括四部分，分别为物理层数据、链路层数据、传输层数据和接口数据，接下来我们一一进行介绍。

4.5.1 物理层数据

扫一扫看微课视频：gNodeB传输参数配置

增加以太网端口

ADD ETHPORT：增加以太网端口，配置以太网端口速率、双工模式、端口属性等参数。

例如：

```
ADD ETHPORT: CN=0, SRN=0, SN=6, SBT=BASE_BOARD, PN=0, PORTID=0, PA=COPPER, MTU=1500, SPEED=100M, DUPLEX=FULL, FC=OPEN, FIBERSPEEDMATCH=DISABLE;
```

上述代码的含义是：增加以太网端口，柜号为 0，框号为 0，槽号为 6，子板类型为基板，端口号为 0，端口标识为 0，端口属性为"电口"，最大传输单元为 1500，速率为 100Mbit/s，双工模式为"全双工"，流控为"启动"，光口速率匹配开关为"禁用"。

4.5.2 链路层数据

增加 VLAN

ADD VLANMAP：增加下一跳 VLAN 映射。

例如：

```
（1）ADD VLANMAP: NEXTHOPIP="192.168.1.24", MASK="255.255.255.0", VLANMODE=SINGLEVLAN, VLANID=1024, SETPRIO=ENABLE, VLANPRIO=0;
```

上述代码的含义是：增加下一跳 VLAN 映射，下一跳 IP 地址为"192.168.1.24"，子网掩码为"255.255.255.0"，VLAN 模式为"单 VLAN"，VLAN 标识为 1024，设置 VLAN 优先级为"启用"，VLAN 优先级为 0。

```
（2）ADD VLANMAP: NEXTHOPIP="10.52.21.89", MASK="255.255.255.0", VLANMODE=VLANGROUP, VLANGROUPNO=0;
```

上述代码的含义是：增加下一跳 VLAN 映射，下一跳 IP 地址为"10.52.21.89"，子网掩码为"255.255.255.0"，VLAN 模式为"VLAN 组"，VLAN 组号为 0。

4.5.3 传输层数据

1. 增加 IP 地址

ADD DEVIP：为端口增加设备 IP 地址。

例如：

```
（1）ADD DEVIP: CN=0, SRN=0, SN=6, SBT=BASE_BOARD, PT=ETH, PN=0, IP="192.168.2.24", MASK="255.255.255.0";
```

上述代码的含义是：增加设备 IP 地址，柜号为 0，框号为 0，槽号为 6，子板类型为

项目4　5G 基站的数据配置与调试

基板，端口类型为以太网端口，端口号为 0，IP 地址为"192.168.2.24"，子网掩码为"255.255.255.0"。

```
(2) ADD DEVIP: CN=0, SRN=0, SN=1, SBT=E1_COVERBOARD, PT=MPGRP, PN=1, IP="192.
168.11.23", MASK="255.255.255.0";
```

上述代码的含义是：增加设备 IP 地址，柜号为 0，框号为 0，槽号为 1，子板类型为"E1 扣板"，端口类型为"多链路 PPP 组"，端口号为 1，IP 地址为"192.168.11.23"，子网掩码为"255.255.255.0"。

2．增加路由

ADD IPRT：增加一条静态 IP 路由。

例如：

```
(1) ADD IPRT: RTIDX=0, SN=7, SBT=BASE_BOARD, DSTIP="192.168.100.0", DSTMASK=
"255.255.255.0", RTTYPE=NEXTHOP, NEXTHOP="192.168.1.25", MTUSWITCH=OFF;
```

上述代码的含义是：增加 IP 路由，路由索引为 0，槽号为 7，子板类型为基板，目的 IP 地址为"192.168.100.0"，子网掩码为"255.255.255.0"，路由类型为"下一跳"，下一跳 IP 地址为"192.168.1.25"，MTU 开关关闭。

```
(2) ADD IPRT: RTIDX=0, SN=7, SBT=BASE_BOARD, DSTIP="192.168.200.0", DSTMASK=
"255.255.255.0", RTTYPE=IF, IFT=MPGRP;
```

上述代码的含义是：增加 IP 路由，路由索引为 0，槽号为 7，子板类型为基板，目的 IP 地址为"192.168.200.0"，子网掩码为"255.255.255.0"，路由类型为"出接口"，端口类型为"多链路 PPP 组"。

3．增加 SCTP 本端对象

ADD SCTPHOST：增加 SCTP 本端对象。

例如：

```
ADD SCTPHOST: SCTPHOSTID=0, IPVERSION=IPv4, SIGIP1V4="192.168.1.1",
SIGIP1SECSWITCH=DISABLE, SIGIP2V4="0.0.0.0", SIGIP2SECSWITCH=DISABLE, PN=1024,
SIMPLEMODESWITCH=SIMPLE_MODE_OFF, SCTPTEMPLATEID=0, DTLSPOLICYID=NULL;
```

上述代码的含义是：增加 SCTP 本端对象，SCTP 本端标识为 0，IP 协议版本为 IPv4，本端第一个 IP 地址为"192.168.1.1"，IPSec 自配置开关为"禁用"，本端第二个 IP 地址为"0.0.0.0"，IPSec 自配置开关为"禁用"，本端 SCTP 端口号为 1024，简化模式开关关闭，SCTP 参数模板标识为 0，DTLS 策略序号为 NULL。

4．增加 SCTP 对端对象

ADD SCTPPEER：增加 SCTP 对端对象。

例如：

```
ADD SCTPPEER: SCTPPEERID=0, IPVERSION=IPv4, SIGIP1V4="192.168.1.24",
SIGIP1SECSWITCH=DISABLE, SIGIP2V4="0.0.0.0", SIGIP2SECSWITCH=DISABLE, PN=1030,
SIMPLEMODESWITCH=SIMPLE_MODE_OFF;
```

上述代码的含义是：增加 SCTP 对端对象，SCTP 对端标识为 0，IP 协议版本为 IPv4，对端第一个 IP 地址为"192.168.1.24",IPSec 自配置开关为"禁用",对端第二个 IP 地址为"0.0.0.0",IPSec 自配置开关为"禁用",对端 SCTP 端口号为 1030,简化模式开关关闭。

5. 增加用户面本端对象

ADD USERPLANEHOST:增加用户面本端对象。

例如:

```
ADD USERPLANEHOST: UPHOSTID=0, IPVERSION=IPv4, LOCIPV4="192.168.1.1",
IPSECSWITCH=DISABLE;
```

上述代码的含义是:增加用户面本端对象,用户面本端标识为 0,IP 协议版本为 IPv4,本端 IP 地址为"192.168.1.1",IPSec 自配置开关为"禁用"。

6. 增加用户面对端对象

ADD USERPLANEPEER:增加用户面对端对象。

例如:

```
ADD USERPLANEPEER: UPPEERID=0, IPVERSION=IPv4, PEERIPV4="192.168.1.28",
IPSECSWITCH=DISABLE;
```

上述代码的含义是:增加用户面对端对象,用户面对端标识为 0,IP 协议版本为 IPv4,对端 IP 地址为"192.168.1.28",IPSec 自配置开关为"禁用"。

7. 增加端节点组

ADD EPGROUP:增加端节点组。

例如:

```
ADD EPGROUP: EPGROUPID=0, IPPMSWITCH=DISABLE, APPTYPE=NULL;
```

上述代码的含义是:增加端节点组,端节点对象归属组标识为 0,IP PM 自建立自删除开关为"禁用",APP 类型为"NULL"。

8. 将 SCTP 本端加入端节点组

ADD SCTPHOST2EPGRP:将 SCTP 本端加入端节点组。

例如:

```
ADD SCTPHOST2EPGRP: EPGROUPID=0, SCTPHOSTID=0;
```

上述代码的含义是:将 SCTP 本端加入端节点组,端节点对象归属组标识为 0,SCTP 本端标识为 0。

9. 将 SCTP 对端加入端节点组

ADD SCTPPEER2EPGRP:将 SCTP 对端加入端节点组。

例如:

```
ADD SCTPPEER2EPGRP: EPGROUPID=0, SCTPPEERID=0;
```

上述代码的含义是:将 SCTP 对端加入端节点组,端节点对象归属组标识为 0,SCTP 对端标识为 0。

10. 将用户面本端加入端节点组

ADD UPHOST2EPGRP：将用户面本端加入端节点组。

例如：

```
ADD UPHOST2EPGRP: EPGROUPID=0, UPHOSTID=0;
```

上述代码的含义是：将用户面本端加入端节点组，端节点对象归属组标识为 0，用户面本端标识为 0。

11. 将用户面对端加入端节点组

ADD UPPEER2EPGRP：将用户面对端加入端节点组。

例如：

```
ADD UPPEER2EPGRP: EPGROUPID=0, UPPEERID=0;
```

上述代码的含义是：将用户面对端加入端节点组，端节点对象归属组标识为 0，用户面对端标识为 0。

4.5.4 接口数据

增加 gNodeB CUNG 对象

ADD GNBCUNG：增加 gNodeB CUNG 对象。

例如：

```
ADD GNBCUNG: gNBCuNgId=0, CpEpGroupId=1, UpEpGroupId=1, UserLabel="huawei";
```

上述代码的含义是：增加 gNodeB CUNG 对象，gNodeB CUNG 对象标识为 0，控制面端节点资源组标识为 1，用户面端节点资源组标识为 1，用户标签为 "huawei"。

实训 8　配置传输参数

1. 实训目的

（1）掌握传输参数的配置命令；
（2）熟悉传输参数配置命令的参数的含义。

2. 实训内容

配置传输参数。

3. 实训要求

熟练运用传输参数配置命令。

4. 实训时间

4 学时。

5. 实训条件

离线工具 MML。

5G 基站运行与维护

6．实训步骤

网络规划参数如表 4-4 所示，在 MML 中完成传输参数输入练习。

表 4-4　网络规划参数

序号	gNodeB Name	gNodeB ID	OM IP	掩码	OM 网关	OM VLAN	S1 接口	掩码	S1 网关	备注
1	重庆电子职业学院	9003	185.3.18.2	255.255.255.0	185.3.18.1	—	185.3.18.2	255.255.255.0	185.3.18.1	
2				基站端口号	AMF 端口号	AMF IP 地址	UPF IP 地址			
				2910	38412	200.200.200.21 200.200.200.22	200.200.200.5			
3				国家码	MCC	MNC	TAC			
				86	262	3	1			

注意：添加以太网端口，PN 根据光纤实际连接端口配置，速率固定为 10Gbit/s（主控板和基带板统称基板，光口对应光模块，电口对应网线）。

如图 4-36 所示，添加以太网端口。

`ADD ETHPORT: SN=7, SBT=BASE_BOARD, PN=1, PA=FIBER, SPEED=10G, DUPLEX=FULL;`

上述代码的含义是：增加以太网端口，槽号为 7，子板类型为基板，端口号为 1，端口属性为"光口"，速率为 10Gbit/s，双工模式为"全双工"。

图 4-36　添加以太网端口

如图 4-37 所示，增加设备 IP 地址。

`ADD DEVIP: SN=7, SBT=BASE_BOARD, PT=ETH, PN=1, IP="185.3.18.2", MASK= "255.255.255.0"。`

上述代码的含义是：增加设备 IP 地址，槽号为 7，子板类型为基板，端口类型为以太网

项目4 5G基站的数据配置与调试

端口，端口号为1，IP地址为"185.3.18.2"，子网掩码为"255.255.255.0"。

注意：添加NR的业务IP，PN、IP、MASK根据实际规划配置。

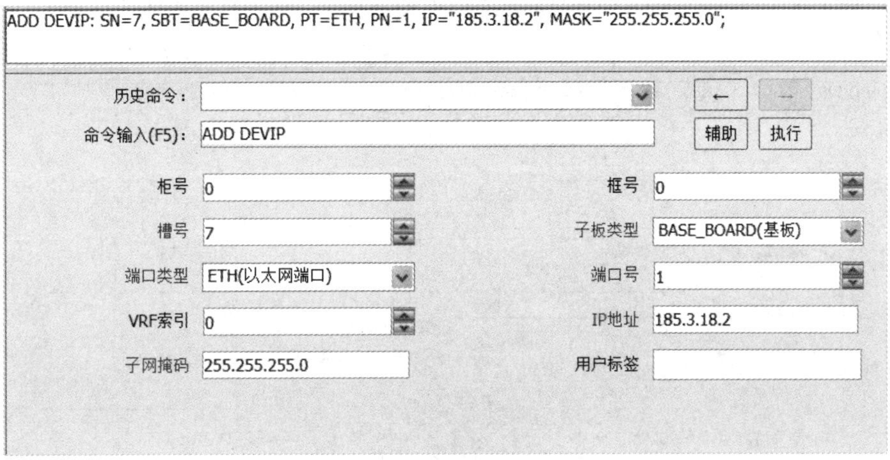

```
ADD DEVIP: SN=7, SBT=BASE_BOARD, PT=ETH, PN=1, IP="185.3.18.2", MASK="255.255.255.0";
```

图 4-37　增加设备 IP 地址

如图 4-38 所示，添加第一条到核心网控制面的路由。

```
ADD IPRT: RTIDX=0, SN=7, SBT=BASE_BOARD, DSTIP="200.200.200.21", DSTMASK="255.255.255.255", RTTYPE=NEXTHOP, NEXTHOP="185.3.18.1", MTUSWITCH=OFF;
```

上述代码的含义是：增加 IP 路由，路由索引为 0，槽号为 7，子板类型为基板，目的 IP 地址为"200.200.200.21"（UNC 逻辑地址），子网掩码为"255.255.255.255"，路由类型为"下一跳"，下一跳 IP 地址为"185.3.18.1"（基站 S1 网关地址-无线侧），MTU 开关关闭。

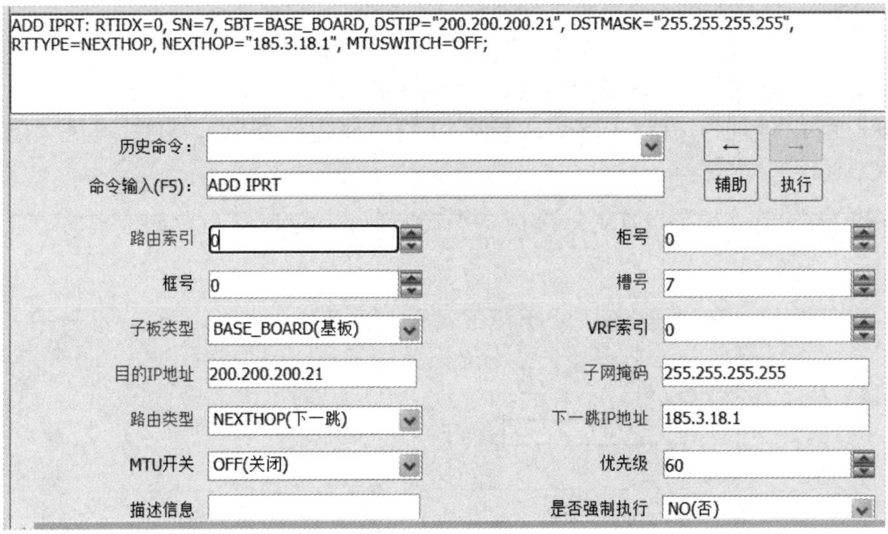

图 4-38　添加第一条到核心网控制面的路由

如图 4-39 所示，添加第二条到核心网控制面的路由。

```
ADD IPRT: RTIDX=1, SN=7, SBT=BASE_BOARD, DSTIP="200.200.200.22"（UNC 逻辑地址），
DSTMASK="255.255.255.255", RTTYPE=NEXTHOP, NEXTHOP="185.3.18.1", MTUSWITCH= OFF,
DESCRI="NG-C";
```

上述代码的含义是：增加 IP 路由，路由索引为 1，槽号为 7，子板类型为基板，目的 IP 地址为"200.200.200.22"（UNC 逻辑地址），子网掩码为"255.255.255.255"，路由类型为"下一跳"，下一跳 IP 地址为"185.3.18.1"（基站 S1 网关地址-无线侧），MTU 开关关闭，描述信息为 NG-C。

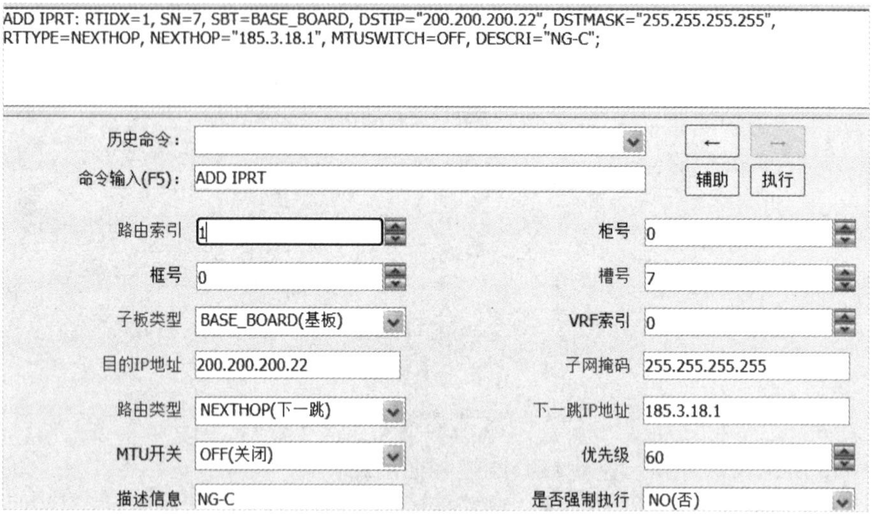

图 4-39　添加第二条到核心网控制面的路由

如图 4-40 所示，添加一条到核心网用户面的路由。

```
ADD IPRT: RTIDX=2, SN=7, SBT=BASE_BOARD, DSTIP="200.200.200.5", DSTMASK=
"255.255.255.255", RTTYPE=NEXTHOP, NEXTHOP="185.3.18.1", MTUSWITCH=OFF, DESCRI=
"NG-C";
```

上述代码的含义是：增加 IP 路由，路由索引为 2，槽号为 7，子板类型为基板，目的 IP 地址为"200.200.200.5"（UDG 逻辑地址），子网掩码为"255.255.255.255"，路由类型为"下一跳"，下一跳 IP 地址为"185.3.18.1"（基站 S1 网关地址-无线侧），MTU 开关关闭，描述信息为 NG-C。

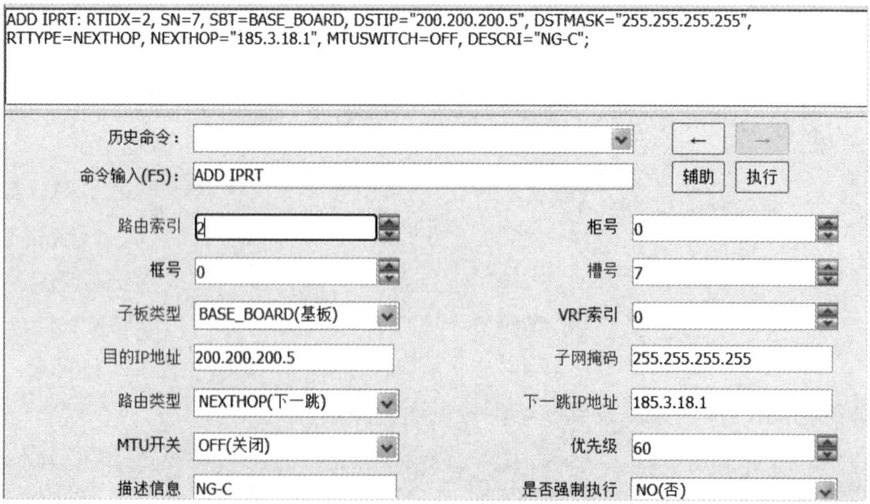

图 4-40　添加一条到核心网用户面的路由

项目4 5G基站的数据配置与调试

如图 4-41 所示,增加下一跳 VLAN 映射。

```
ADD VLANMAP: NEXTHOPIP="185.3.18.1", MASK="255.255.255.0", VLANMODE=SINGLEVLAN,
VLANID=200, SETPRIO=DISABLE;
```

上述代码的含义是:增加下一跳 VLAN 映射,下一跳 IP 地址为"185.3.18.1",子网掩码为"255.255.255.0",VLAN 模式为"单 VLAN",VLAN 标识为 200,设置 VLAN 优先级为"禁用"。

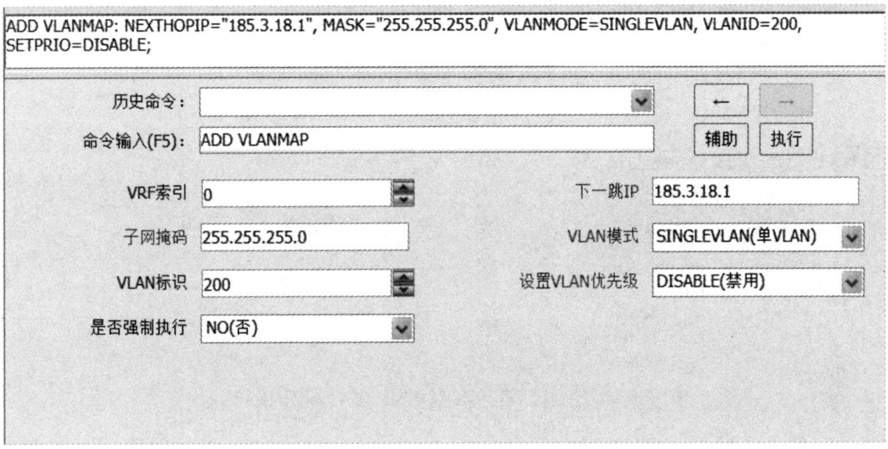

图 4-41 增加下一跳 VLAN 映射

如图 4-42 所示,增加端节点组。

```
ADD EPGROUP: EPGROUPID=0, IPPMSWITCH=DISABLE, APPTYPE=NULL;
```

上述代码的含义是:增加端节点组,端节点对象归属组标识为 0,IP PM 自建立自删除开关为"禁止",APP 类型为"NULL"。

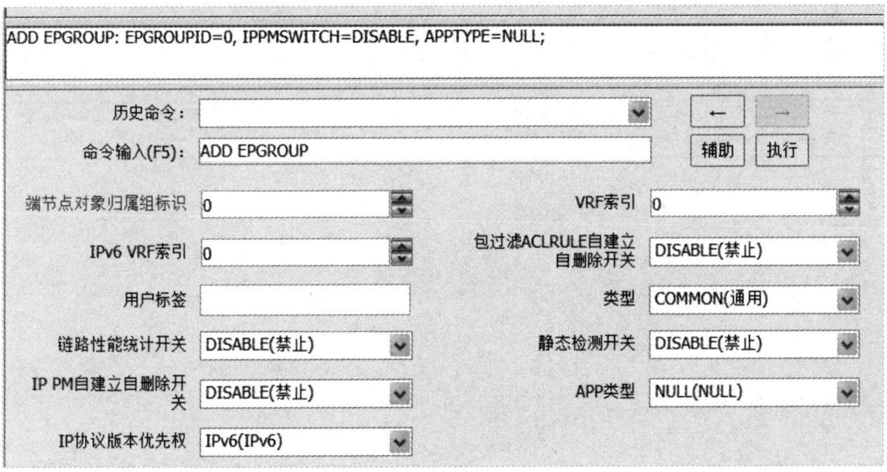

图 4-42 增加端节点组

如图 4-43 所示,增加 SCTP 本端对象-流控制传输协议。

```
ADD SCTPHOST: SCTPHOSTID=0, IPVERSION=IPv4, SIGIP1V4="185.3.18.2",
SIGIP1SECSWITCH=DISABLE, SIGIP2V4="0.0.0.0", SIGIP2SECSWITCH=DISABLE, PN=2910,
SIMPLEMODESWITCH=SIMPLE_MODE_OFF, SCTPTEMPLATEID=0;
```

5G 基站运行与维护

上述代码的含义是：增加 SCTP 本端对象-流控制传输协议，SCTP 本端标识为 0，IP 协议版本为"IPv4"，本端第一个 IP 地址为"185.3.18.2"，IPSec 自配置开关为"禁止"，本端第二个 IP 地址为"0.0.0.0"，IPSec 自配置开关为"禁止"，本端 SCTP 端口号为 2910，简化模式开关关闭，SCTP 参数模板标识为 0。

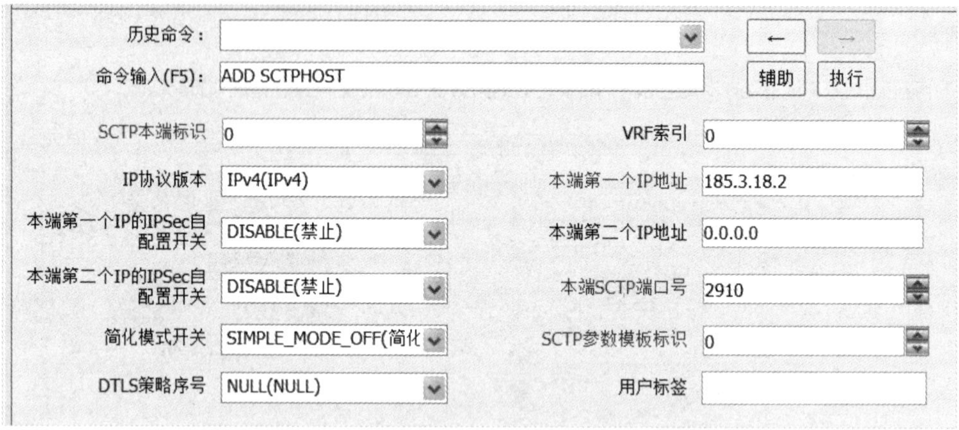

图 4-43 增加 SCTP 本端对象-流控制传输协议

如图 4-44 所示，增加 SCTP 对端对象。

```
ADD SCTPPEER: SCTPPEERID=0, IPVERSION=IPv4, SIGIP1V4="200.200.200.21",
SIGIP1SECSWITCH=DISABLE, SIGIP2V4="200.200.200.22（UNC 逻辑地址）",
SIGIP2SECSWITCH=DISABLE, PN=38412, SIMPLEMODESWITCH=SIMPLE_MODE_OFF;
```

上述代码的含义是：增加 SCTP 对端对象，SCTP 对端标识为 0，IP 协议版本为"IPv4"，对端第一个 IP 地址为"200.200.200.21"，对端第一个 IPSec 自配置开关为"禁止"，对端第二个 IP 地址为"200.200.200.22"，对端第二个 IPSec 自配置开关为"禁止"，对端 SCTP 端口号为 38412，简化模式开关关闭。

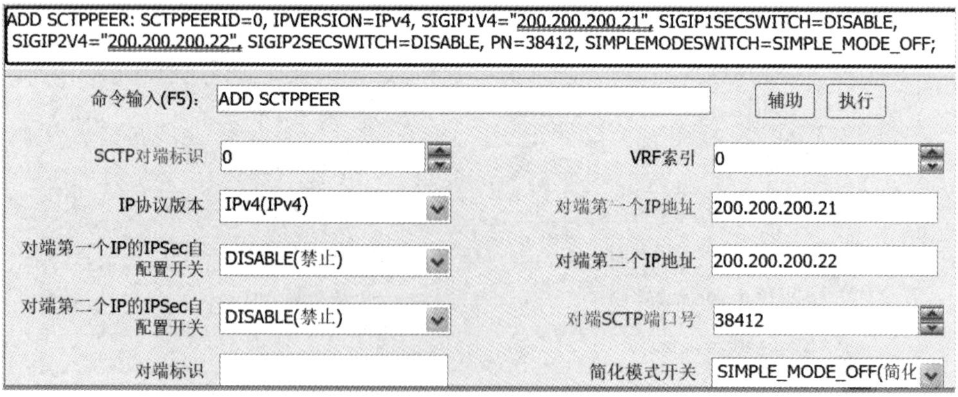

图 4-44 增加 SCTP 对端对象

如图 4-45 所示，增加端节点组的 SCTP 本端。

```
ADD SCTPHOST2EPGRP: EPGROUPID=0, SCTPHOSTID=0;
```

上述代码的含义是：增加端节点组的 SCTP 本端，端节点对象归属组标识为 0，SCTP 本端标识为 0。

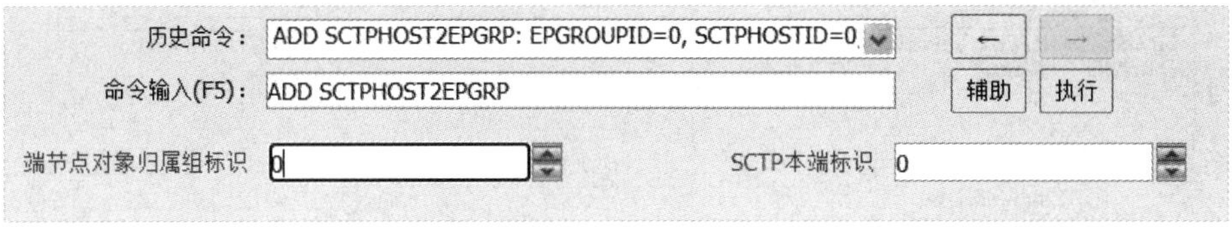

图 4-45　增加端节点组的 SCTP 本端

如图 4-46 所示，增加端节点组的 SCTP 对端。

```
ADD SCTPPEER2EPGRP: EPGROUPID=0, SCTPPEERID=0;
```

上述代码的含义是：增加端节点组的 SCTP 对端，端节点对象归属组标识为 0，SCTP 对端标识为 0。

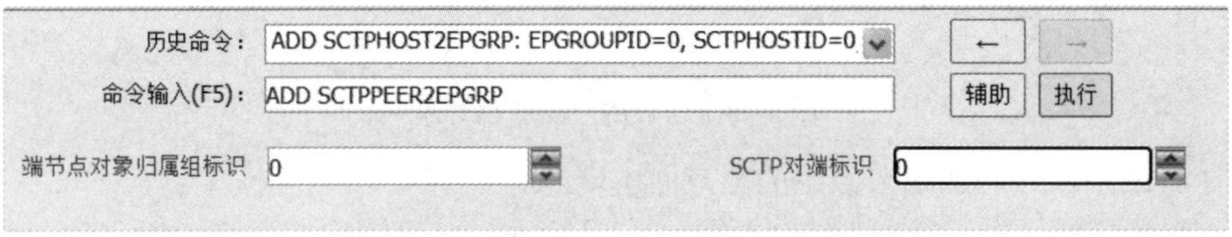

图 4-46　增加端节点组的 SCTP 对端

如图 4-47 所示，增加用户面本端对象。

```
ADD USERPLANEHOST: UPHOSTID=0, IPVERSION=IPv4, LOCIPV4="185.3.18.2",
IPSECSWITCH=DISABLE, USERLABEL="UP-host";
```

上述代码的含义是：增加用户面本端对象，用户面本端标识为 0，IP 协议版本为 "IPv4"，本端 IP 地址为 "185.3.18.2"，IPSec 自配置开关为 "禁止"，用户标签为 "UP-host"。

图 4-47　增加用户面本端对象

如图 4-48 所示，增加用户面对端对象。

```
ADD USERPLANEPEER: UPPEERID=0, IPVERSION=IPv4, PEERIPV4="200.200.200.5",
IPSECSWITCH=DISABLE, USERLABEL="UP-peer";
```

上述代码的含义是：增加用户面对端对象，用户面对端标识为 0，IP 协议版本为 "IPv4"，对端 IP 地址为 "200.200.200.5"，IPSec 自配置开关为 "禁止"，用户标签为 "UP-peer"。

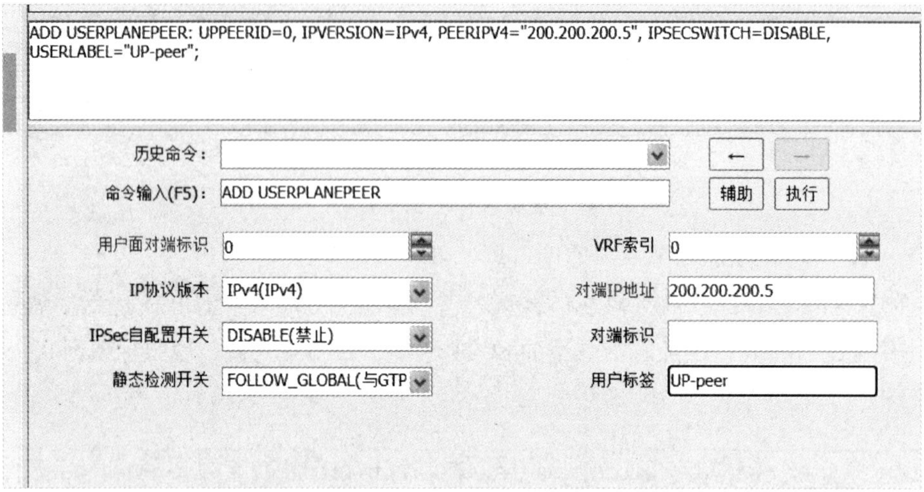

图 4-48　增加用户面对端对象

如图 4-49 所示，增加端节点组的用户面本端。

```
ADD UPHOST2EPGRP: EPGROUPID=0, UPHOSTID=0;
```

上述代码的含义是：增加端节点组的用户面本端，端节点对象归属组标识为 0，用户面本端标识为 0。

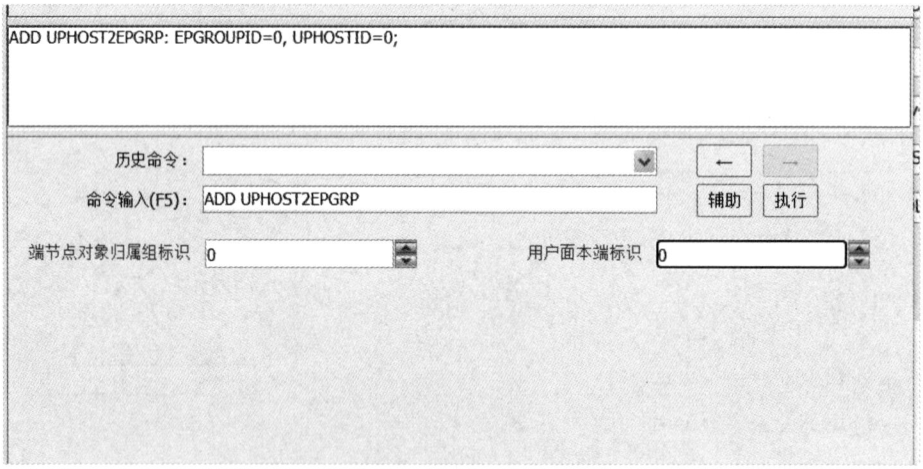

图 4-49　增加端节点组的用户面本端

如图 4-50 所示，增加端节点组的用户面对端。

```
ADD UPPEER2EPGRP: EPGROUPID=0, UPPEERID=0;
```

上述代码的含义是：增加端节点组的用户面对端，端节点对象归属组标识为 0，用户面对端标识为 0。

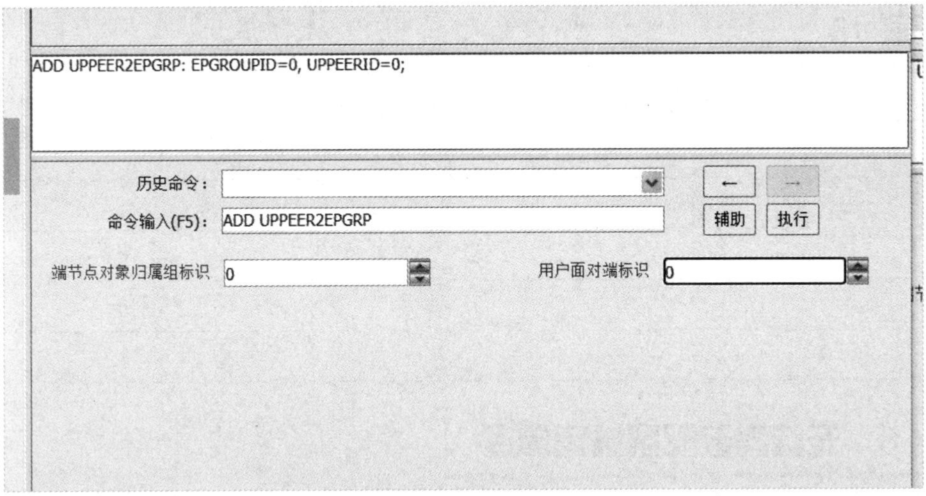

项目 4　5G 基站的数据配置与调试

图 4-50　增加端节点组的用户面对端

如图 4-51 所示，增加基站 CU NG 对象。

```
ADD GNBCUNG: gNBCuNgId=0, CpEpGroupId=0, UpEpGroupId=0;
```

上述代码的含义是：增加 gNodeB CU NG 对象，gNodeB CU NG 对象标识为 0，控制面端节点资源组标识为 0，用户面端节点资源组标识为 0。

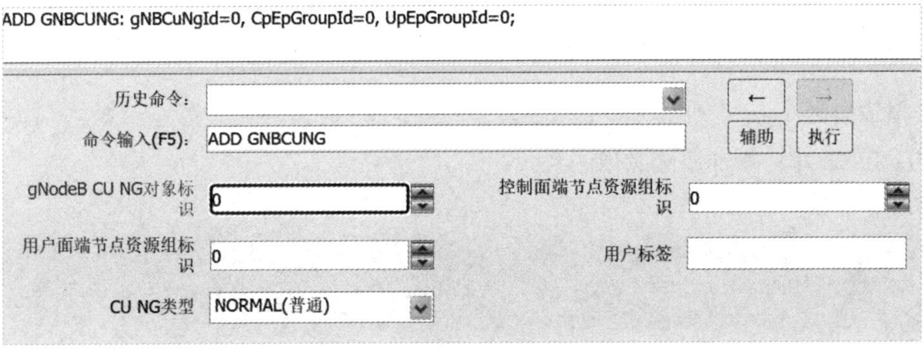

图 4-51　增加基站 CU NG 对象

7. 实训总结

本实训介绍了配置传输参数的方法和步骤，要求学生认真理解参数，培养学生严谨好学的职业素养。

思考与练习题 18

扫一扫看思考与练习题 18 答案

1. 在配置静态路由时，如果采用默认路由怎么配置？
2. ADD IPRT: RTIDX=2, SN=6, SBT=BASE_BOARD, DSTIP="200.200.200.50"（UDG 逻辑地址），DSTMASK="255.255.255.255", RTTYPE=NEXTHOP, NEXTHOP="185.3.18.1", MTUSWITCH=OFF, DESCRI="NG-U";

请分析上述代码，目的 IP 地址是多少？UMPT 板所在的槽号是多少？

反思 18

通过学习本任务，反思不足的地方：

任务 4.6 无线参数配置常用命令

1. 增加基带设备

ADD BASEBANDEQM：增加上行、下行或上下行合一的基带设备，以及基带设备内部的基带处理单元。

例如：

```
ADD BASEBANDEQM: BASEBANDEQMID=0, BASEBANDEQMTYPE=DL, SN1=2, SN2=1;
```

上述代码的含义是：增加基带设备，基带设备编号为 0，基带设备类型为"下行"，处理单元 1 槽号为 2，处理单元 2 槽号为 1。

2. 增加扇区

ADD SECTOR：增加扇区及扇区天线。

例如：

```
ADD SECTOR: SECTORID=0, SECNAME="huawei", LOCATIONNAME="huawei", ANTNUM=2,
ANT1CN=0, ANT1SRN=60, ANT1SN=0, ANT1N=R0A, ANT2CN=0, ANT2SRN=60, ANT2SN=0,
ANT2N=R0B, CREATESECTOREQM=TRUE, SECTOREQMID=0;
```

上述代码的含义是：增加扇区，扇区编号为 0，扇区名称为"huawei"，位置名称为"huawei"，天线数为 2，天线 1 柜号为 0，天线 1 框号为 60，天线 1 槽号为 0，天线 1 通道号为"R0A"，天线 2 柜号为 0，天线 2 框号为 60，天线 2 槽号为 0，天线 2 通道号为"R0B"，是否创建默认扇区设备为"是"，默认扇区设备编号为 0。

3. 增加扇区设备

ADD SECTOREQM：增加扇区设备及扇区设备天线。

例如：

```
（1）ADD SECTOREQM: SECTOREQMID=0, SECTORID=0, ANTCFGMODE=ANTENNAPORT,
ANTNUM=2, ANT1CN=0, ANT1SRN=60, ANT1SN=0, ANT1N=R0A, ANTTYPE1=RXTX_MODE,
ANT2CN=0, ANT2SRN=60, ANT2SN=0, ANT2N=R0B, ANTTYPE2=RX_MODE;
```

上述代码的含义是：增加扇区设备，扇区设备编号为 0，扇区编号为 0，天线配置方式为"天线端口"，天线数为 2，天线 1 柜号为 0，天线 1 框号为 60，天线 1 槽号为 0，天线 1 通道

号为"R0A",天线 1 收发模式为"发送与接收",天线 2 柜号为 0,天线 2 框号为 60,天线 2 槽号为 0,天线 2 通道号为"R0B",天线 2 收发模式为"接收"。

```
(2) ADD SECTOREQM: SECTOREQMID=0, SECTORID=0, ANTCFGMODE=BEAM, RRUCN=0,
RRUSRN=60, RRUSN=0, BEAMSHAPE=SEC_120DEG, BEAMLAYERSPLIT=INNER_LAYER,
BEAMAZIMUTHOFFSET=None;
```

上述代码的含义是:增加扇区设备,扇区设备编号为 0,扇区编号为 0,天线配置方式为"波束",RRU 柜号为 0,RRU 框号为 60,RRU 槽号为 0,波束形状为 120°扇形,波速垂直劈裂为"内层扇区",波束方位角偏移为"无"。

4. 增加 NR DU 小区

ADD NRDUCELL:增加 NR DU 小区。

例如:

```
(1) ADD NRDUCELL: NrDuCellId=0, NrDuCellName="0", DuplexMode=CELL_FDD,
CellId=0, PhysicalCellId=0, FrequencyBand=N3, DlNarfcn=365000, UlBandwidth=
CELL_BW_20M, DlBandwidth=CELL_BW_20M, TrackingAreaId=0, SsbDescMethod=
SSB_DESC_TYPE_NARFCN, SsbFreqPos=365000, LogicalRootSequenceIndex=0;
```

上述代码的含义是:增加 NR DU 小区,NR DU 小区标识为 0,NR DU 小区名称为"0",双工模式为 FDD,小区标识为 0,物理小区标识为 0,频带为 N3,下行频点为 365000Hz,上行带宽为 20MHz,下行带宽为 20MHz,跟踪区域标识为 0,SSB 频域位置描述方式为绝对频点,SSB 频域位置为 365000,根序列逻辑索引为 0。

```
(2) ADD NRDUCELL: NrDuCellId=1, NrDuCellName="1", DuplexMode=CELL_TDD,
CellId=1, PhysicalCellId=1, FrequencyBand=N77, DlNarfcn=620000, UlBandwidth=
CELL_BW_40M, DlBandwidth=CELL_BW_40M, SlotAssignment=4_1_DDDSU, SlotStructure=
SS2, TrackingAreaId=0, SsbDescMethod=SSB_DESC_TYPE_NARFCN, SsbFreqPos=620000,
LogicalRootSequenceIndex=0;
```

上述代码的含义是:增加 NR DU 小区,NR DU 小区标识为 1,NR DU 小区名称为"1",双工模式为 TDD,小区标识为 1,物理小区标识为 1,频带为 N77,下行频点为 620000Hz,上行带宽为 40MHz,下行带宽为 40MHz,时隙配比为 4:1,时隙结构为 SS2,跟踪区域标识为 0,SSB 频域位置描述方式为绝对频点,SSB 频域位置为 620000,根序列逻辑索引为 0。

5. 增加 NR DU 小区 TRP

ADD NRDUCELLTRP:增加 NR DU 小区 TRP 节点数据记录。

例如:

```
ADD NRDUCELLTRP: NrDuCellTrpId=0, NrDuCellId=0, TxRxMode=8T8R, PowerConfigMode=
TRANSMIT_POWER, MaxTransmitPower=100, CpriCompression=NO_COMPRESSION,
BbResMutualAidSw=ON;
```

上述代码的含义是:添加 NR DU 小区 TRP,NR DU 小区 TRP 标识为 0,NR DU 小区标识为 0,发送和接收模式为八发八收,功率配置模式为发射功率,最大发射功率(0.1 毫瓦分贝)为 100,"CPRI 压缩"为不压缩,基带资源互助开关打开。

6. 增加 NR DU 小区覆盖区

ADD NRDUCELLCOVERAGE：增加 NR DU 小区覆盖区的数据记录。

例如：

```
ADD NRDUCELLCOVERAGE: NrDuCellTrpId=1, NrDuCellCoverageId=1, SectorEqmId=0;
```

上述代码的含义是：增加 NR DU 小区覆盖区，NR DU 小区 TRP 标识为 1，NR DU 小区覆盖区标识为 1，扇区设备标识为 0。

7. 增加小区

ADD NRCELL：增加小区。

例如：

```
ADD NRCELL: NrCellId=0, CellName="0", CellId=0, FrequencyBand=N3, DuplexMode=CELL_FDD;
```

上述代码的含义是：增加 NR 小区，NR 小区标识为 0，小区名称为 "0"，小区标识为 0，频带为 N3，小区双工模式为 CELL_FDD。

8. 增加 NR 外部邻区

ADD NREXTERNALNCELL：增加 NR 外部邻区。

例如：

```
ADD NREXTERNALNCELL: Mcc="302", Mnc="220", gNBId=1, CellId=0, PhysicalCellId=0, Tac=0, SsbDescMethod=SSB_DESC_TYPE_GSCN, SsbFreqPos=100;
```

上述代码的含义是：增加 NR 外部邻区，移动国家码为 302，移动网络码为 220，基站标识为 1，小区标识为 0，物理小区标识为 0，跟踪区域码为 0，SSB 频域位置描述方式为全局同步信道号，SSB 频域位置为 100。

9. 增加 NR 小区关系

ADD NRCELLRELATION：增加 NR 小区关系。

例如：

```
ADD NRCELLRELATION: NrCellId=0, Mcc="302", Mnc="220", gNBId=1, CellId=0;
```

上述代码的含义是：增加 NR 小区关系，NR 小区标识为 0，移动国家码为 302，移动网络码为 220，基站标识为 1，小区标识为 0。

实训 9　配置无线参数

1. 实训目的

（1）掌握无线参数配置的命令。
（2）熟悉无线参数配置命令参数的含义。

2. 实训内容

配置无线参数。

3. 实训要求

熟练运用无线参数配置命令。

4. 实训时间

4 学时。

5. 实训条件

MML。

6. 实训步骤

如表 4-5 所示，在 MML 中完成参数输入练习。

表 4-5 无线小区参数

序号	gNodeB ID	小区名称	RRU 编号	Locell ID	NRCell ID	PCI	频带	频点	TAC	根序列 Idx	子帧配比	SSB
1	9003	NR_1	61	1	1	156	N78	636666	1	0	SS102	7880
2		NR_2	62	2	2	157	N78	636666	1	8	SS102	7880
3		NR_3	63	3	3	158	N78	636666	1	16	SS102	7880

如图 4-52 所示，增加基带设备。

```
ADD BASEBANDEQM: BASEBANDEQMID=0, BASEBANDEQMTYPE=ULDL, UMTSDEMMODE=NULL, SN1=2, SN2=4;
```

上述代码的含义是：增加基带设备，基带设备编号为 0，基带设备类型为"上下行合一"，处理单元 1 槽号为 2，处理单元 2 槽号为 4。

注意：所有基带设备必须与增加的基带板对应。

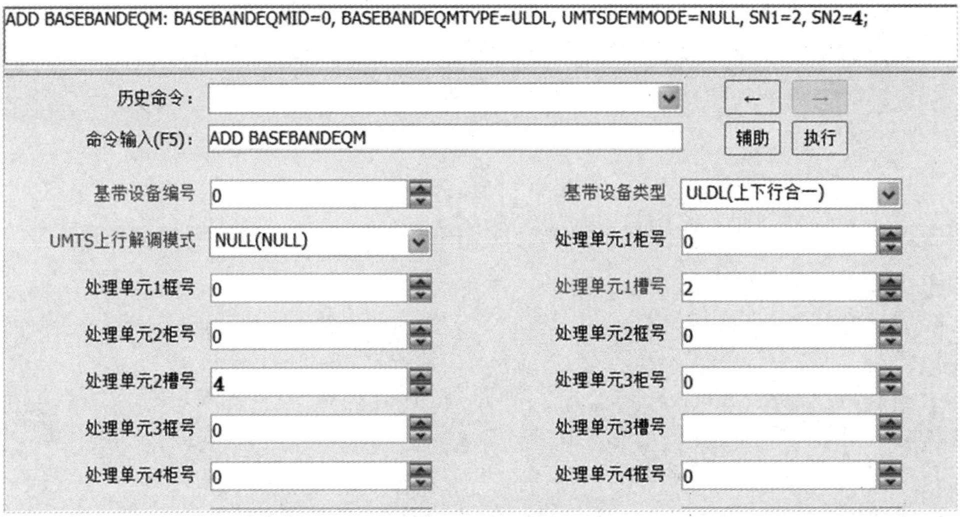

图 4-52 增加基带设备

如图 4-53 所示，增加扇区。

```
ADD SECTOR: SECTORID=61, ANTNUM=0, CREATESECTOREQM=FALSE;
```

5G 基站运行与维护

上述代码的含义是：增加扇区，扇区编号为 61，天线数为 0，是否创建默认扇区设备为"否"。

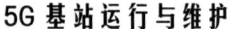

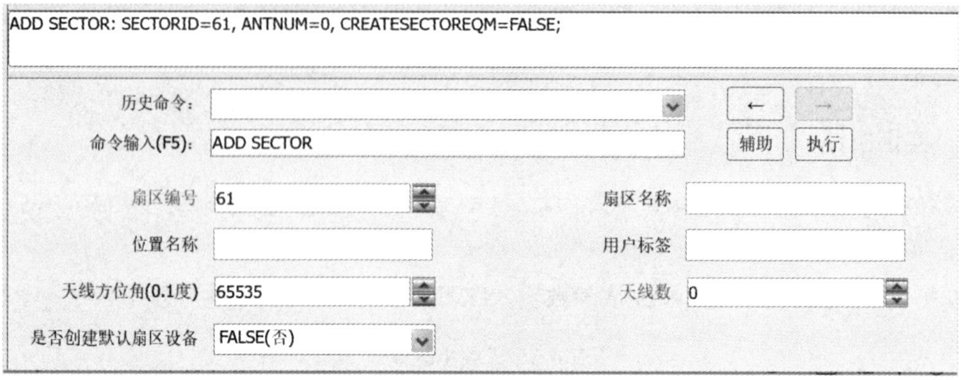

图 4-53　增加扇区

如图 4-54 所示，增加扇区设备。

```
ADD SECTOREQM: SECTOREQMID=161, SECTORID=61, ANTCFGMODE=BEAM, RRUCN=0, RRUSRN=
61, RRUSN=0, BEAMSHAPE=SEC_120DEG, BEAMLAYERSPLIT=None, BEAMAZIMUTHOFFSET=None;
```

上述代码的含义是：增加扇区设备，扇区设备编号为 161，扇区编号为 61，天线配置方式为"波束"，RRU 柜号为 0，RRU 框号为 61，RRU 槽号为 0，波束形状为 120°扇形，波束垂直劈裂为"无"，波束方位角偏移为"无"。

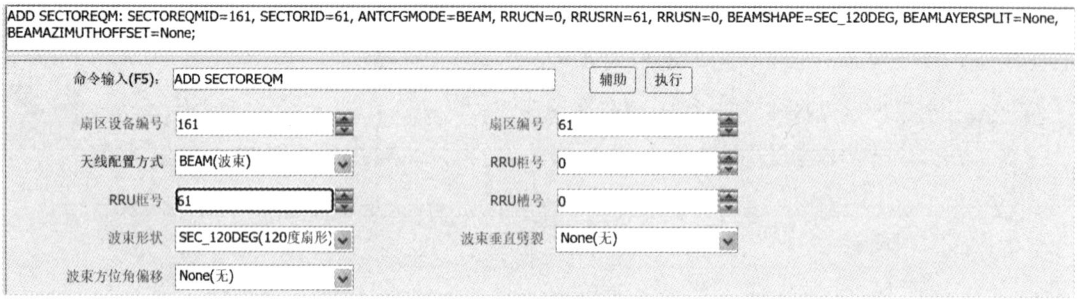

图 4-54　增加扇区设备

用同样的方法，添加另外两个小区的扇区和扇区设备，请大家自己思考并操作。

如图 4-55 所示，增加 NR DU 小区。

```
ADD NRDUCELL: NrDuCellId=1, NrDuCellName="NR_1", DuplexMode=CELL_TDD,
CellId=1, PhysicalCellId=156, FrequencyBand=N78, DlNarfcn=636666,
UlBandwidth=CELL_BW_100M, DlBandwidth=CELL_BW_100M, SlotAssignment=
7_3_DDDSUDDSUU, SlotStructure= SS102, TrackingAreaId=1, SsbFreqPos=7880,
LogicalRootSequenceIndex=0;
```

上述代码的含义是：增加 NR DU 小区，NR DU 小区标识为 1，NR DU 小区名称为"NR_1"，双工模式为 TDD，小区标识为 1，物理小区标识为 156，频带为 N78，下行频点为 636666Hz，上行带宽为 100MHz，下行带宽为 100MHz，时隙配比为 7:3，时隙结构为 SS102，跟踪区域标识为 1，SSB 频域位置为 7880，根序列逻辑索引为 0。

图 4-55 增加 NR DU 小区

用同样的方法，添加另外两个 NR DU 小区，请大家自己思考并操作。

接下来配置 NR DU 小区 TRP 节点数据，需要根据具体场景配置。

如图 4-56 所示，添加 NR DU 小区 TRP。

```
ADD NRDUCELLTRP: NrDuCellTrpId=1, NrDuCellId=1, TxRxMode=64T64R,
PowerConfigMode=TRANSMIT_POWER, MaxTransmitPower=300, CpriCompression=
3DOT2_COMPRESSION;
```

上述代码的含义是：添加 NR DU 小区 TRP，NR DU 小区 TRP 标识为 1，NR DU 小区标识为 1，发送和接收模式为 64 发 64 收，功率配置模式为发射功率，最大发射功率（0.1 毫瓦分贝）为 300，CPRI 压缩为 3：2：1 压缩。

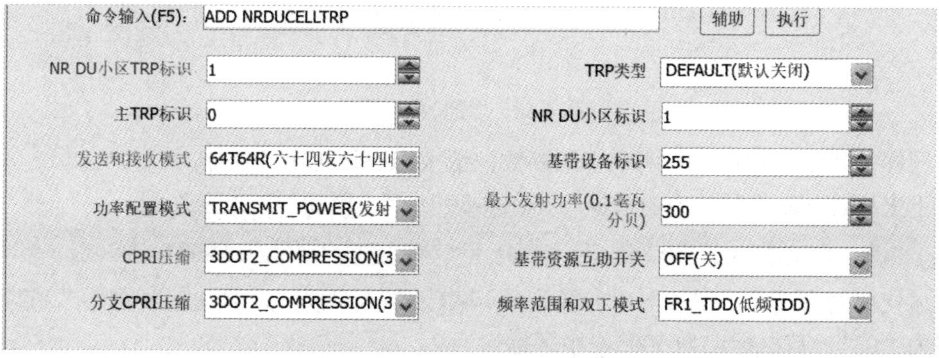

图 4-56 添加 NR DU 小区 TRP

5G 基站运行与维护

用同样的方法，添加另外两个 NR DU 小区 TRP 发射参数，请大家自己思考并操作。

如图 4-57 所示，增加 NR DU 小区覆盖区。

```
ADD NRDUCELLCOVERAGE: NrDuCellTrpId=1, NrDuCellCoverageId=1, SectorEqmId=161;
```

上述代码的含义是：增加 NR DU 小区覆盖区，NR DU 小区 TRP 标识为 1，NR DU 小区覆盖区标识为 1，扇区设备标识为 161。

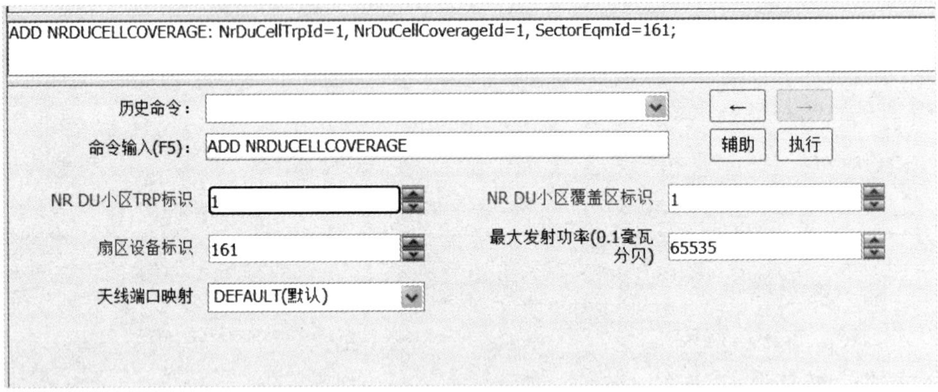

图 4-57　增加 NR DU 小区覆盖区

用同样的方法，添加另外两个小区的覆盖参数，请大家自己思考并操作。

如图 4-58 所示，增加 NR 小区。

```
ADD NRCELL: NrCellId=1, CellName="NR_1", CellId=1, FrequencyBand=N78, DuplexMode=CELL_TDD;
```

上述代码的含义是：增加 NR 小区，NR 小区标识为 1，小区名称为 "NR_1"，小区标识为 1，频带为 N78，小区双工模式为 CELL_TDD。

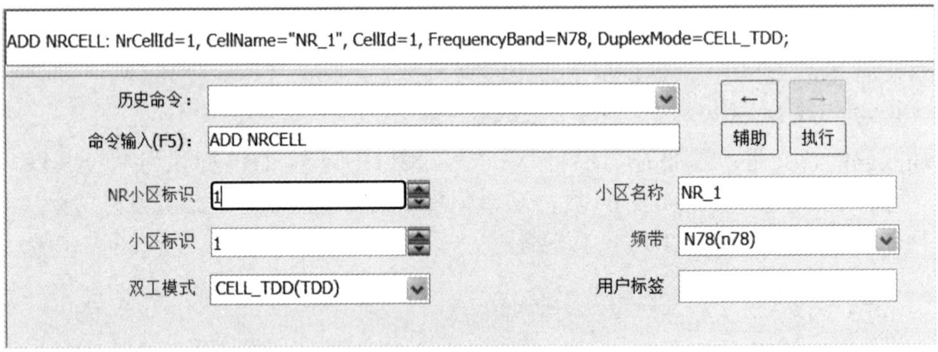

图 4-58　增加 NR 小区

用同样的方法，添加另外两个小区参数，请大家自己思考并操作。

接下来增加 NR 小区关系的数据。如图 4-59 所示，增加 NR 小区关系。

```
ADD NRCELLRELATION: NrCellId=1, Mcc="262", Mnc="03", gNBId=9003, CellId=2;
```

上述代码的含义是：增加 NR 小区关系，NR 小区标识为 1，移动国家码为 "262"，移动网络码为 "03"，基站标识为 9003，小区标识为 2。

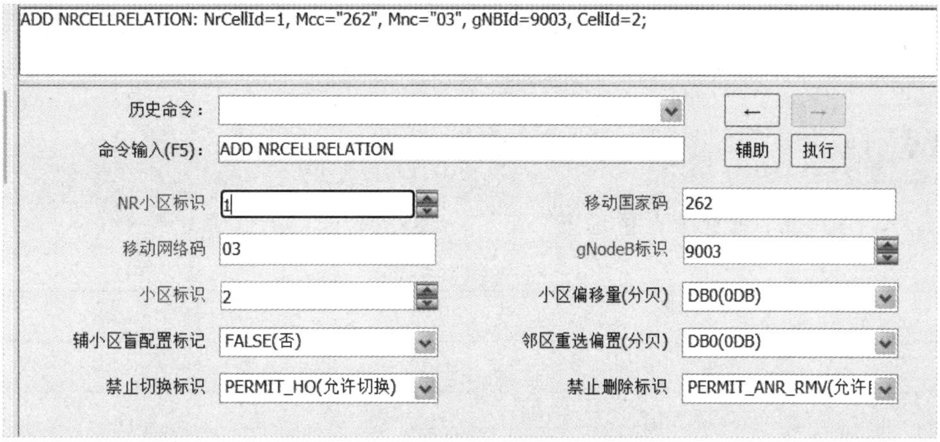

项目 4　5G 基站的数据配置与调试

```
ADD NRCELLRELATION: NrCellId=1, Mcc="262", Mnc="03", gNBId=9003, CellId=2;
```

图 4-59　增加 NR 小区关系（1）

如图 4-60 所示，增加 NR 小区关系。

```
ADD NRCELLRELATION: NrCellId=2, Mcc="262", Mnc="03", gNBId=9003, CellId=1;
```

上述代码的含义是：增加 NR 小区关系，NR 小区标识为 2，移动国家码为"262"，移动网络码为"03"，基站标识为 9003，小区标识为 1。

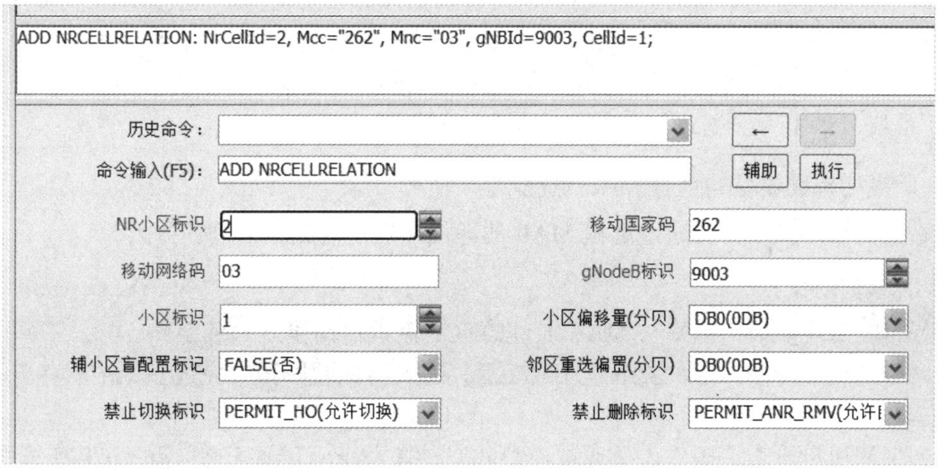

图 4-60　增加 NR 小区关系（2）

若需要增加更多的 NR 小区关系，请根据规划自己思考并操作。

7．实训总结

本实训介绍了无线参数的配置方法和步骤，要求学生独立操作，培养学生独立思考的职业素养。

思考与练习题 19

扫一扫看思考与练习题 19 答案

1．无线参数配置包括哪几个命令的配置？

2．如果 NR 小区标识为 3，小区标识为 4，移动国家码是 460，移动网络号为 02，基站标识为 258，请完成下列代码填空：

ADD NRCELLRELATION: NrCellId=_____, Mcc=_____, Mnc=_____, gNBId=_____, CellId=_____;

反思 19

通过学习本任务，反思不足的地方：

_____
_____
_____
_____
_____

任务 4.7　5G 基站业务调试策略及命令

4.7.1　调测方式及选择策略

本书主要针对新建基站的工程场景进行调测。3900 系列和 5900 系列基站支持两种典型调测方式：不携带辅助设备的远程 MAE 调测、近端 LMT+远程 MAE 调测。站点工程师根据各种调测方式的特点、适用场景，结合站点条件、推荐策略选择合适的调测方式。接下来介绍 3900 系列、5900 系列基站支持的开站调测方式及选择策略。

1. 不携带辅助设备的远程 MAE 调测

基站上电后，操作人员通过远程 MAE 的即插即用功能完成调测任务。

1）具体调测任务

（1）自动发现阶段：基站与 MAE 通过 DHCP 流程自动建立 OM 链路。

（2）自动配置阶段：OM 链路建立成功后，进入自配置阶段，完成基站的软件升级和配置更新。

（3）工程质量检查：操作人员通过天馈驻波、鸳鸯线、互调干扰检测及 CPRI 连线检测，检验基站的第三方工程安装质量。

（4）站点验证：操作人员检测基站设备、时钟、小区等状态，以确认基站是否运行正常。

2）优点

自动化程度高，人工技能要求低。

3）缺点

依赖于传输网络，开站时间通常较长，一般超过 30 分钟。使用条形码绑定基站，需要条码枪和打印机。

2. 近端 LMT+远程 MAE 调测

基站上电后，操作人员通过近端 LMT 和远程 MAE 完成调测任务。

项目4　5G基站的数据配置与调试

1）调测任务

（1）配置阶段：操作人员在近端通过 LMT 完成基站的软件升级和配置更新，基站按照更新后的配置数据与 MAE 建立 OM 链路。

（2）工程质量检查：操作人员通过 LMT 执行 MML 命令或 MAE 即插即用功能的工程质量检查项完成基站的工程质量检查。

（3）站点验证：操作人员通过 MAE 即插即用功能的站点验证项，检测基站设备、时钟、小区等状态，以确认基站是否运行正常。

2）优点

开站时间较短。操作人员可以直接通过 MML 命令对调测过程中出现的问题进行定位。

3）缺点

自动化程度低，人工技能要求高，需要近端使用安装 LMT 软件的便携机，仅适用于 NodeB、eNodeB、gNodeB、BTS5900 和 BTS3900 网元。

4.7.2　常用的调试命令

1．基本调试命令

1）STR VSWRTEST

利用 STR VSWRTEST 命令进行 VSWR 的调试，如图 4-61 所示。

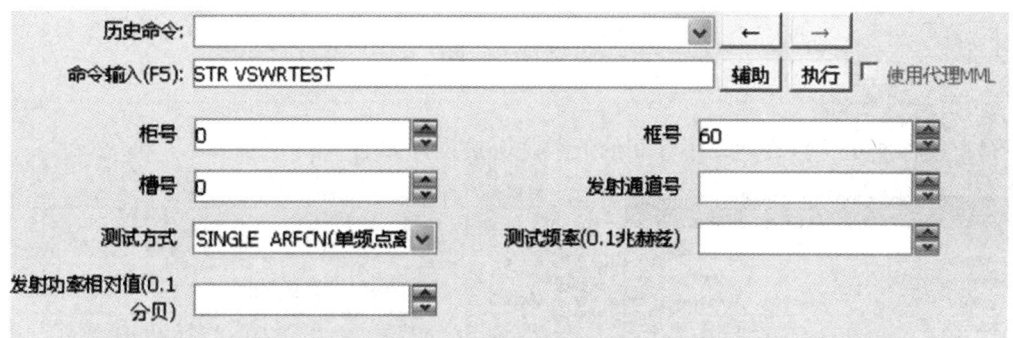

图 4-61　STR VSWRTEST 命令

2）STR RFTEST

利用 STR RFTEST 命令进行 RF 干扰检测，如图 4-62 所示。

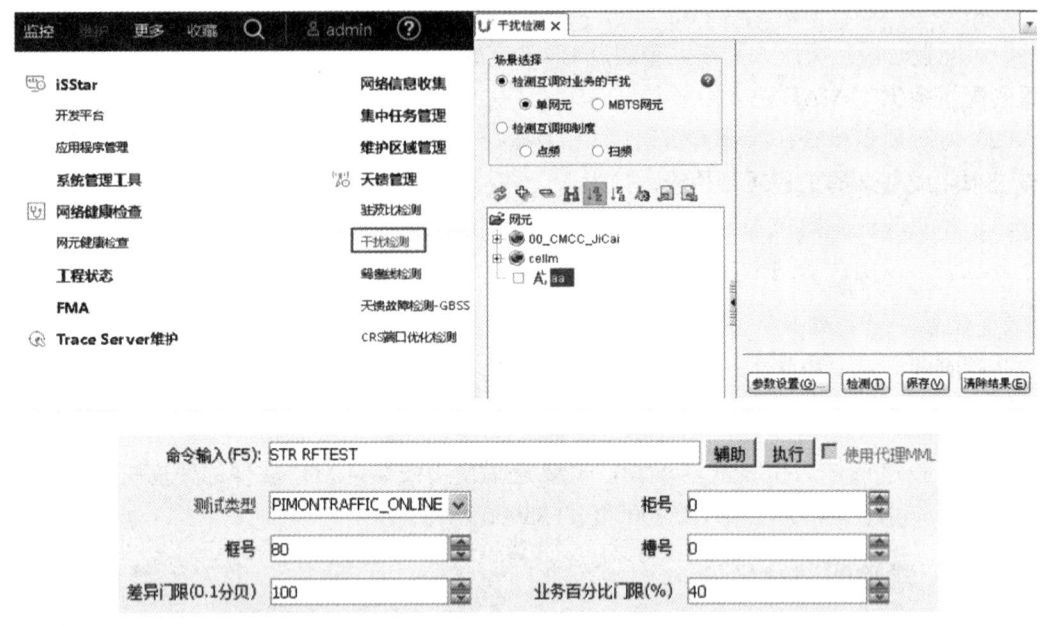

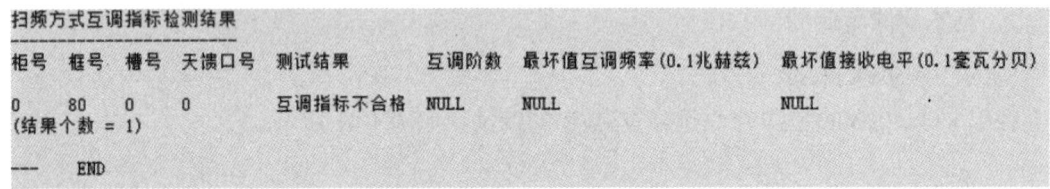

图 4-62　STR RFTEST 命令

3）鸳鸯线检测

鸳鸯线检测用于检查同站小区间的天线是否接反，如图 4-63 所示。

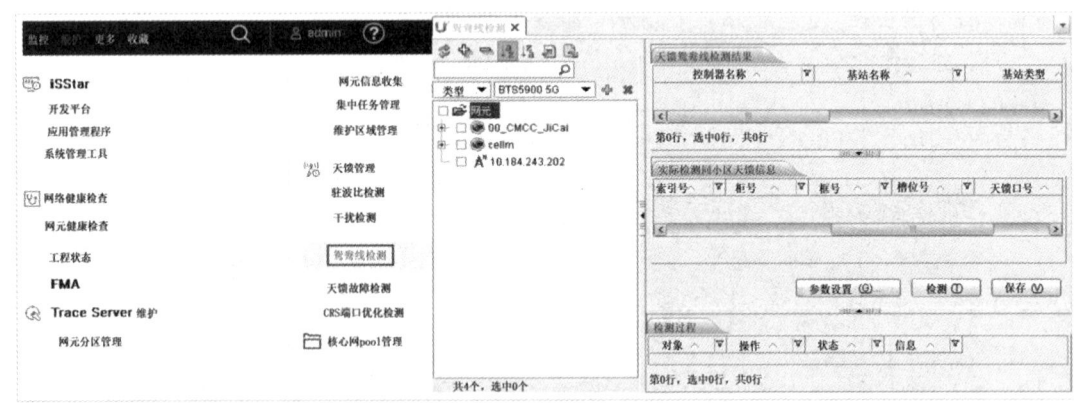

图 4-63　鸳鸯线检测

2．传输调试命令

1）PING

利用 PING 命令检查 TCP/IP 网络连接是否正常、目标主机是否可达，如图 4-64 所示。

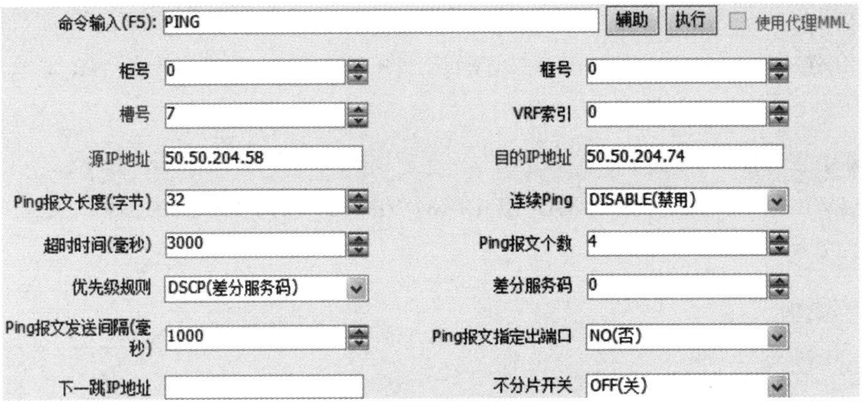

项目4 5G基站的数据配置与调试

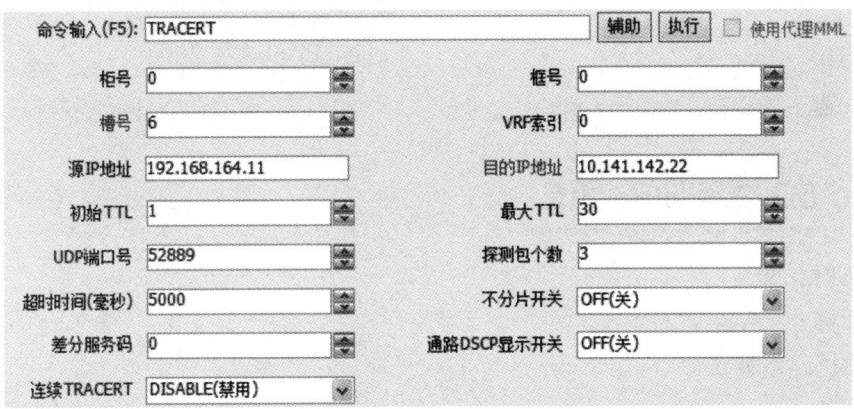

图 4-64 PING 命令

2）TRACERT

利用 TRACERT 命令进行跟踪路由测试，如图 4-65 所示。

图 4-65 TRACERT 命令

3．无线调试命令

1）扇区设备操作

运行 MML 命令：LST/MOD/RMV SECTOR，查询和配置扇区设备信息，如图 4-66 所示。

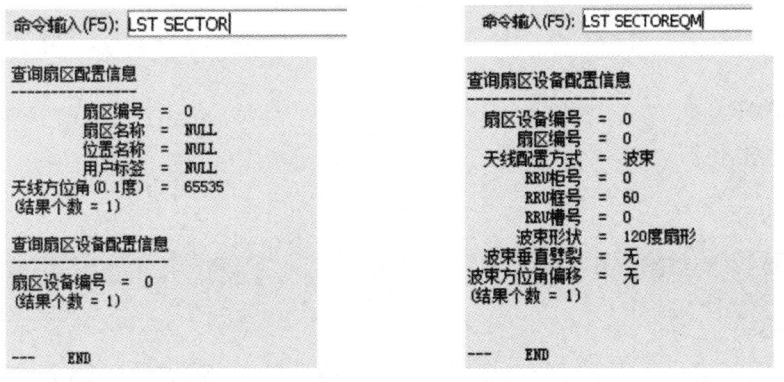

图 4-66 扇区设备操作

2）NR 本地小区 TRP 配置

运行 MML 命令：ADD/LST/MOD/RMV NRDUCELLTRP，查询和配置 NR 本地小区 TRP，如图 4-67 所示。

3）NR 小区管理

运行 MML 命令：LST/DSP/ADD/MOD/RMV/BLK/UBL/ACT/DEA NRCELL 进行小区管理，如图 4-68 所示。

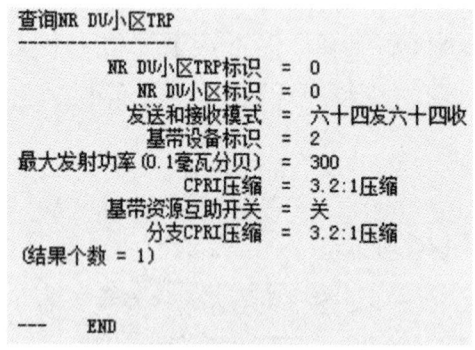

图 4-67　NR 本地小区 TRP 配置　　　　　图 4-68　NR 小区管理

实训 10　5G 基站业务调试

1．实训目的

（1）掌握 5G 基站调试的工具。

（2）熟练运用调试命令。

2．实训内容

调试命令的操作。

3．实训要求

熟练运用调试命令，并成功完成业务。

4．实训时间

2 学时。

5．实训条件

离线工具 MML。

6．实训步骤

根据前面配置的数据，在 MML 中完成数据调试。

7．实训总结

本实训介绍了基站调试常见的命令，要求学生独立思考，培养学生耐心细致的职业素养。

思考与练习题 20

扫一扫看思考与练习题 20 答案

3900 系列和 5900 系列基站支持哪两种典型调测方式?它们的区别是什么?

反思 20

通过学习本任务,反思不足的地方:

项目 5

5G 基站系统故障处理

项目内容：在基站开局过程中，由于各种失误，会造成不同的故障，如何处理并解决开局中的故障，是每个开局工程师必须具备的应变能力。同时 5G 基站是 24h 全天候工作的，难免在维护过程中出现故障，当基站设备出现故障时，要通过后台管理提示、相应报表、用户投诉、设备观察等途径获知基站系统的故障现象，根据故障现象对故障进行分析，找出故障原因，拟定故障解决方案，并在规定的时间内完成故障处理。本项目主要培养学生的故障处理能力。

📖 知识目标

熟悉基站常见故障的分类。
掌握基站故障排查的思路与方法。
掌握常见告警的处理方法。

📖 能力目标

能够对常见告警进行处理。
能够对时钟类常见故障进行分析与处理。
能够对单板类常见故障进行分析与处理。
能够对传输类常见故障进行分析与处理。

项目 5　5G 基站系统故障处理

能够对数据类常见故障进行分析与处理。
能够对环境类常见故障进行分析与处理。
能够对小区类常见故障进行分析与处理。
能够对 gNodeB 综合故障进行分析与处理。

素质目标

遵守通信行业的职业操作规范；具备分析问题、解决问题的科学素养。

思维导图

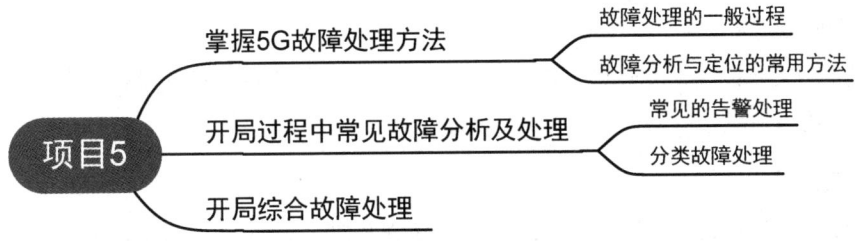

寄语读者

四川汶川地震发生后，中国移动退服基站最多时达到 4000 多个，中国移动人经过一个星期的艰苦努力，共抢通四川、甘肃、陕西基站 3821 个，中国移动人全力以赴，尽最大努力、以最快速度，通过新建光缆及新增设备等方式，大力推进重点乡镇通信的恢复工作，抢通 19 个盲点乡镇的基站，修复受损服务网点，恢复和保障灾区的移动通信，为抗灾救灾搭建了一条生命线。防灾、减灾、救灾事关人民群众生命财产安全和社会和谐稳定，使得应急保障管理对通信技术进步的依赖增强。5G 提供了转变紧急服务通信的机会，使应急保障能够共享更广泛的数据，例如高效、安全的高清视频，对关键公共安全服务的有效性和效率产生重大影响。5G+融合通信为应急指挥中心在应急值守、事故灾难、自然灾害等应急事件的预警、接报、分析、研判和处置等工作中发挥了重要作用。

任务 5.1　掌握 5G 故障处理方法

ENodeB 基站系统综合常见故障，是指基站系统在运行过程中出现的硬件类、系统通信类、无线全局资源类、时钟类、单板类等故障。例如，小区建立失败、通信链路中断、单板离线告警、传输质量差、单板时钟告警等。对于此类故障的处理，必须通过详细的分析和具体测试来找到该故障产生的原因。

5.1.1　故障处理的一般过程

基站系统故障处理一般包括以下四个阶段：故障信息收集、故障原因分析、故障定位和故障排除。

1．故障信息收集

任何一个故障的处理都从维护人员获得故障信息开始。

1）故障信息的主要来源

（1）客户的故障申告。

（2）日常维护或巡检发现的异常。

（3）OMC客户端的告警和通知。

（4）单板指示灯的状态。

2）信息收集注意事项

维护人员要注意收集各种相关的原始信息，在接到客户的故障申告时，要尽可能多方面、多角度地了解相关信息。

2．故障原因分析

故障信息获取后，需要对故障原因进行分析，判断各种原因导致故障的概率大小，并作为故障排除顺序的参考。

3．故障定位

进行故障原因分析后，维护人员运用各种故障处理方法，排查可能的故障因素，最终确定故障发生的根本原因。准确而快速的定位有利于提高故障处理的时效，是故障处理过程的重要环节。

4．故障排除

故障定位后，进入故障处理的最后阶段——故障排除。在这个阶段，维护人员采用适当的步骤排查故障，恢复系统正常运行。故障处理注意事项如下：

（1）危险：涉及电源部分的检查、调整，必须由专业人员进行，否则容易导致人员伤亡和设备故障。

（2）警告：修改并同步数据前，一定要征得主管人员的同意，随意修改数据会造成重大事故。

5.1.2 故障分析与定位的常用方法

1．告警和操作日志查看

告警和操作日志查看是维护人员在遇到故障时最先使用的方法，主要通过操作维护子系统的告警管理界面和操作日志查看界面来实现。

通过告警管理界面，可以观察和分析当前告警、历史告警和一般通知等各网元报告的告警信息，及时发现网络运行中的异常情况，定位故障、隔离故障并排除故障。

通过查看用户管理中的操作日志，可以追查系统参数的修改情况，定位相关的责任终端和操作人员，及时发现个人操作引起的故障。

2．指示灯状态分析法

指示灯状态分析是维护人员在遇到故障时经常使用的方法，主要通过观察机架各单板面板的指示灯状态来排除和判断故障位置。该方法要求维护人员熟悉各单板面板的指示灯状态及含义。

3. 性能分析法

性能分析法主要通过操作维护子系统的性能管理界面来实现。通过性能管理界面，维护人员可以实现系统的性能管理、信令跟踪。

4. 仪器、仪表分析法

仪器、仪表分析法主要是指在基站维护过程中，维护人员使用测试手机、信令分析仪、误码分析仪等辅助仪器，进行故障分析、故障定位和排除。

5. 插拔法和按压法

最初发现某单板故障时，可以拧开前面板上的固定螺钉，插拔一下单板和外部接口的插头，排除因接触不良或处理机异常产生的故障。断电后通过按压电缆接头的方法，也可以排除因接触不良所产生的故障。

6. 对比法

对比法是将可能发生故障的单板与系统中处于相似地位正常运行的单板（如多模块中的相同槽位的单板）进行比较，例如对运行状态、跳线或连接线的比较。通过比较，可以判定单板是否发生了故障。

7. 隔离法

当系统部分发生故障时，可以将与其相关的单板或机架分离，从而判断是否是互相影响造成的故障。

8. 自检法

当系统或单板重新上电时，通过自检来判断故障。一般的单板在重新上电自检时，其面板上的指示灯会按一定的规律闪烁，由此可判断单板自身是否存在问题。

思考与练习题 21

扫一扫看思考与练习题 21 答案

1. 在故障处理中，需要慎重对待的注意事项是什么？
2. 故障分析和定位常用的方法有哪些？

反思 21

通过学习本任务，反思不足的地方：

任务 5.2 开局过程中常见故障分析及处理

在基站安装过程中，可能出现各种问题，下面我们来分析常见的告警处理方法。

5.2.1 常见的告警处理

1. 单板温度异常告警

当单板运行温度超出额定工作温度范围，且该故障状态累计 90 秒（默认）未恢复时，发出单板温度异常告警。当单板运行温度在额定工作温度范围内，且该状态持续 3 分钟（默认）时，则温度异常告警停止。

单板的额定工作温度范围是单板的硬件属性，不同单板会有差异。一般温度过高门限通常为 85℃；严重温度过高门限通常为 95℃；温度过低门限通常为-30℃。为防止单板在温度严重过高时无法正常工作甚至烧毁，单板会自动断电，单板承载的业务中断。

常见原因有单板所在环境温度过高或过低、风扇堵转或不在位。具体的处理方法如下：

（1）使用 MML 命令 DSP BRDTEMP 查看当前单板的温度，如图 5-1 所示，使用 MML 命令 DSP FAN 查看风扇板状态，如图 5-2 所示。

（2）现场检查并处理机房环境温度异常。

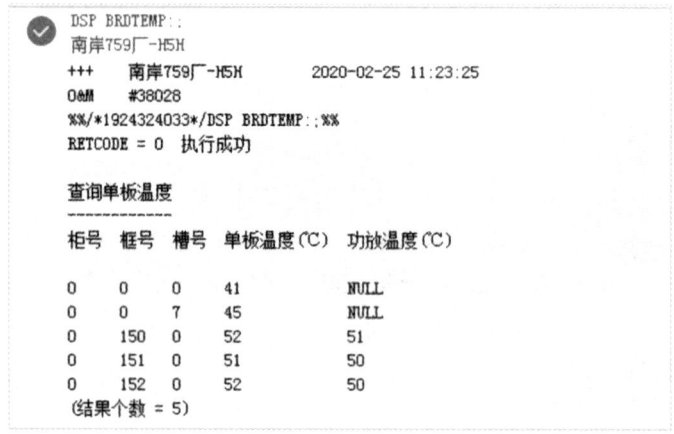

图 5-1 使用 DSP BRDTEMP 命令查看单板温度

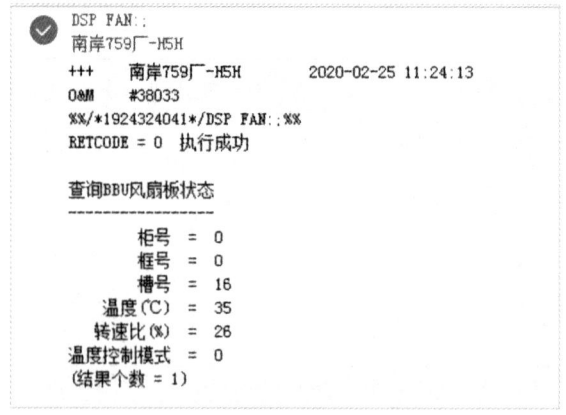

图 5-2 使用 DSP FAN 命令查看风扇板状态

2. MAC 错帧超限告警

如果连续 10 分钟内,以太网端口上 MAC 层错帧率超过了指定门限(门限可配置),则会产生 MAC 错帧超限告警。如果连续 10 分钟内,MAC 层错帧率低于告警恢复门限(门限可配置,默认为千分之八),则告警停止。这个告警频繁上报说明传输质量很差,如果进行传输上的操作(下载或上传),则很可能出现传输中断。常见原因有:两端以太网端口配置参数不一致,或者现场使用光模块的实际速率与协商速率不符;光纤误码、光模块或者主控板故障。具体的处理方法如下:

(1)使用 MML 命令 DSP ETHPORT 查看当前传输端口实际协商配置(比如协商模式、双工模式、速率等),如图 5-3 所示。

(2)使用 MML 命令 LST ETHPORT 查看当前传输端口配置协商速率(比如协商模式、双工模式、速率等)。

(3)使用 MML 命令 DSP SFP 查看当前传输端口使用光模块的速率。

(4)比对后台查询出来的参数是否一致,若不一致则进行修改;若一致,则需现场进一步排查光纤是否有折损。

图 5-3 使用 DSP ETHPORT 命令查看当前传输端口实际协商配置

3. 射频单元维护链路异常告警

BBU 和射频单元之间通过电缆或者光纤进行连接。当 BBU 与射频单元间的维护链路出现异常,且该故障状态累计 90 秒(默认)未恢复时,产生射频单元维护链路异常告警。常见原因可能有链环上配置了多余的射频单元;射频单元故障导致射频单元自动复位,或人工操作导致射频单元复位;该链环配置的 RRU 断链。处理方法如下:

(1)使用 MML 命令 DSP BRD 查看单板运行状态。

(2)使用 MML 命令 DSP SFP 查看端口收发状态。

4. 射频单元运行时拓扑异常告警

射频单元运行中,当改变射频单元的拓扑连接关系,且该射频单元未复位时,产生射频单元运行时拓扑异常告警。常见原因有射频单元运行时,拔插连接 CPRI 端口的光缆,造成物理连接改变,没有复位该射频单元。处理方法如下:

远程或现场复位射频模块,复位后告警即可解除,射频告警查询情况如图 5-4 所示。

5G 基站运行与维护

```
ALARM    124075       故障       重要告警        eNodeB      26563       运行系统
         告警同步号   = 130078
         告警名称     = 射频单元运行时拓扑异常告警
         告警发生时间 = 2017-07-14 09:41:19
         定位信息     = 柜号=0, 框号=226, 槽号=0, 单板类型=MRRU
         附加信息     = 基站制式=TL, 影响制式=L, 部署标识=AUTODID_20140619_01
```

图 5-4　射频告警查询情况

5．配置数据不一致告警

当配置数据生效时，如果发现网元当前运行数据与用户配置的数据不一致，则会产生配置数据不一致告警，其告警信息如图 5-5 所示；当网元当前运行数据与用户配置的数据一致时，则告警解除。常见的原因有：传输端口两端配置与实际协商的不一致（定位问题在主控板）；RRU 驻波比告警门限值配置非法（定位信息为 RRU）；当修改了需要复位网元或单板才能生效的参数，且在 10 分钟内没有复位网元或单板时，产生此告警；当激活配置文件后，如果在 10 分钟内没有复位网元，则产生此告警。具体的处理方法如下：

（1）排查传输端口两端的配置数据是否与实际协商的一致。

（2）使用 MML 命令 LST RRU 查看当前 RRU 的驻波比。

（3）尝试复位网元，使未生效的配置数据生效。

（4）修改不一致数据后，再次执行 MML 命令 STR CFGCHK，如果网元当前运行数据与用户配置的数据一致，则告警解除。

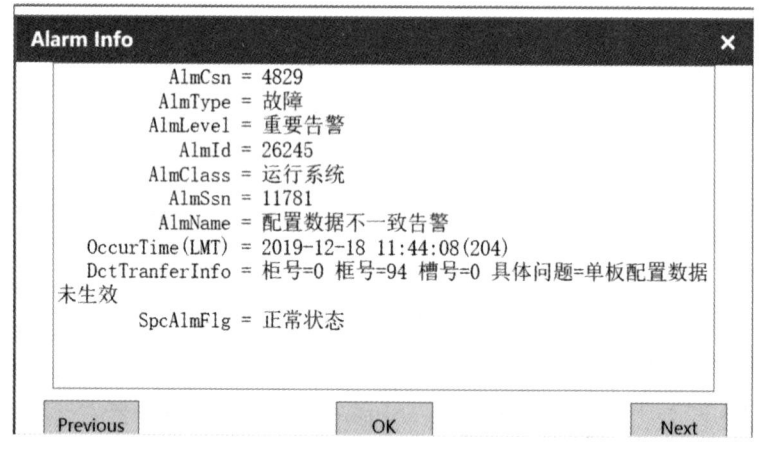

图 5-5　配置数据不一致告警信息

6．制式间单板对象配置冲突告警

在多模配置下，当同一块物理单板在不同制式下配置的柜框槽不一致、不同的物理单板在不同制式下配置的柜框槽相同、只支持一个制式配置的单板被多个制式同时配置、只支持一个制式配置的对象被多个制式同时配置时，会产生制式间单板对象配置冲突告警。常见的原因有：多个制式同时配置了同一块物理单板，但其中某个制式配置的柜框槽信息不正确。

处理的方法有：在网管中心的告警台上，结合告警的"定位信息"，根据现场实际情况进行调整。

7. 射频单元工作制式与单板能力不匹配告警

当系统配置的射频单元工作制式与射频单元实际能力不匹配时，产生射频单元工作制式与单板能力不匹配告警。常见的原因有：系统配置的射频单元工作制式不正确；射频单元软件版本支持的工作制式与系统配置的射频单元工作制式不匹配；实际安装的射频单元型号有误。具体的处理方法如下：

使用 MML 命令 DSP BRDMFRINFO 查看单板的制造信息，查看实际安装单板的型号、频率与规划单板的型号、频率是否一致，如图 5-6 所示。

```
O&M    #7222
%%/*1890663674*/DSP BRDMFRINFO:CN=0,SRN=150,SN=0;%%
RETCODE = 0   执行成功

查询单板制造信息
-----------------
    型号   = WD7MQTRA39J4
    条码   = 2102312JXWCNK6003764
    描述   = AAU5619,WD7MQTRA39J4,2600A(TX2515~2675/RX2515~2675) 64T64R 240W,24.5i,eCPRI
    生产日期 = 2019-07-02
    生产商   = Huawei
    发行号   = 00
(结果个数 = 1)
```

图 5-6 使用 DSP BRDMFRINFO 命令查看单板的制造信息

8. 光路类告警处理

当系统配置的光路模块或者接口出现异常时，产生光路类告警。

其主要类型包括 ALM-26234 BBU CPRI 接口异常告警、ALM-26232 BBU 光模块收发异常告警、ALM-26233 BBU CPRI 光接口性能恶化告警、ALM-26320 BBU IR 光模块故障告警、ALM-26324 BBU IR 接口异常告警、ALM-26322 BBU IR 光模块收发异常告警、ALM-26504 射频单元 CPRI 接口异常告警、ALM-26503 射频单元光模块收发异常告警。光路类告警的主要原因：本端单板光纤接头或者模块松动、老化；本端单板光纤接头不干净，存在灰尘；对端设备光纤接头或者光模块松动、老化；对端单板光纤接头不干净，存在灰尘等；两端光模块型号（速率、模式、波长、拉远距离）不匹配；两端设备间光纤线路存在弯折、挤压、老化等；光纤拉远过长（超过光模块支持拉远距离），光信号衰减。

具体处理方法如下：

对于光路收发异常问题的处理，应该遵循先简单后复杂的处理思路逐步排查。定位故障点后，先排除馈线及馈线接头的问题，再考虑 RRU 故障，这样处理会更快速、更高效。

5.2.2 分类故障处理

常见的基站故障主要有时钟类故障、单板类故障、传输类故障、数据类故障、环境类故障、小区类故障，接下来我们进行详细分析。

1. 时钟类故障

5G RAN 的外部时钟源主要包括 GPS 和 BDS，出现同步故障后，基站无法开通小区业务，可通过 MML 命令 DSP CLKSTAT 查看，时钟类故障主要参数如表 5-1 所示。

表 5-1 时钟类故障主要参数

关键参数	异常值	正常值
当前时钟源（Current Clock Source）	未知	GPS Clock 或 IP Clock
当前时钟源状态（Current Clock Source State）	丢失、不可用、抖动、频率偏差过大、相位偏差过大、时钟参考源不同源等	正常
锁相环状态（PLL Status）	快捕、保持、自由振荡等	锁定
时钟同步模式（Clock Synchronization Mode）	未知	时间同步

只要表 5-1 中有一项不是正常值，就说明时钟同步出现故障。如果基站使用的时钟工作模式是自由振荡（SET CLKMODE:MODE=FREE;），则该站必须是独站，否则与周边站不同步，会引起干扰，导致终端入网困难。常见的时钟告警分析如下。

1）同步丢失告警

网元复位启动后，若超过 20 分钟初始时间同步仍未成功，则产生同步丢失告警。网元在每个时间同步周期都会与时间源进行时间同步，网元与时间源在连续 5 个时间同步周期内时间同步均失败或者时间同步失败超过 2 小时，则产生同步丢失告警。故障可能的原因是 NTP 同步服务器 IP 地址配置错误。

具体处理方法如下：

使用 MML 命令 DSP NTP 查询 NTP 服务器链路状态及服务器 IP 地址是否正确，具体信息如图 5-7 所示。

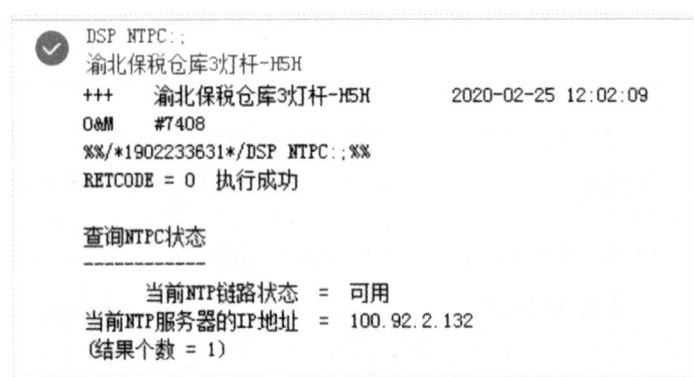

图 5-7 使用 DSP NTPC 命令查询 NTPC 状态

2）没有可用的时钟参考源告警

如果系统发出没有可用的时钟参考源告警，可能的原因：未配置空口时钟源，或者空口时钟源无法锁定（时钟源干扰严重，超过晶振调节限值；晶振故障）时发出该告警。主要故障定位在主控板及 GPS 天馈系统。

具体的处理方法：首先排查无 GPS 类其他告警，若有 GPS 类故障则优先处理，在动态管理系统发起卫星观测，若锁定卫星数小于 4，则需排查 GPS 干扰，若有 GPS 类故障，则优先处理。

（1）GNSS 接收机故障。

可能的原因：配置了内置 GNSS 参考源，且接收机存在故障或者不可用。当配置了外置面板或背板 GNSS 参考源，且出现以下情况时上报该告警。

① RGPS 接收机断电，接收机存在故障或者接收机与 GNSS 接收机链路不通。

② RGPS 接收机温度异常，主控板检测到 OMC 设置的接收机模式和网元读出来的不一致。故障主要定位在主控板。

具体的处理意见：首先排查无 GPS 类其他告警，若有 GPS 类故障则优先处理，更换主控板。

（2）GNSS 天馈链路故障。

可能的原因：内置/外置面板/外置背板 GNSS 接收机天馈链路存在故障。故障主要定位在 GPS 天馈链路。

具体的处理意见：检查 GPS 天馈链路是否存在开路；更换 GPS 天线及跳线。

（3）GNSS 接收机搜星故障。

可能的原因：GNSS 接收机搜星失败或者搜到的卫星个数不满足门限。故障主要定位在主控板及 GPS 天馈。

具体的处理意见：若有 GPS 类故障则优先处理，在动态管理系统发起卫星观测，若锁定卫星数小于 4，则需排查 GPS 干扰。

2．单板类故障

1）单板电源关断

可能的原因：单板电源关断时上报该告警。故障可能定位在对应槽位单板。

具体的处理意见：首先通过附件文本判断单板电源关断原因，有针对性地处理过电压、过电流和过温等故障。

2）单板不在位

可能的原因：网管配置了该单板，但实际槽位没有检测到单板在位信号。故障可能定位在对应槽位单板。

具体的处理意见：首先判断单板不在位原因，对应槽位是否已经插入单板，有针对性地处理故障。

3）单板未配置

可能的原因：OMC 没有配置单板，但实际槽位有单板时上报该告警。故障可能定位在对应槽位单板。

具体的处理意见：判断单板槽位是否正确插入单板，若无误，联系后台配置单板数据。

4）单板通信链路中断

可能的原因：单板的通信链路中断。故障可能定位在对应槽位单板。

具体的处理意见：判断单板槽位是否有单板插入，若已插单板，待前台复位后再观察，若无法恢复，需更换该槽位单板。

5）风扇故障

可能的原因：风扇出现故障。故障可能定位在 FAN 单板上。

具体的处理意见：插拔风扇单板，待前台复位后再观察，若无法恢复，需更换该槽位单板。

6）单板硬件故障

可能的原因：单板出现硬件故障。故障可能定位在 AAU。

具体的处理意见：复位对应设备后观察 15 分钟，若无法恢复，需更换该单板。

7）CPU 过载告警

可能的原因：系统在一段时间内，连续监测到 CPU 占用率大于 CPU 占用率高门限。故障可能定位在主控板。

具体的处理意见：负荷升高主要在忙时或业务类型较多时会上报此类告警，需优化专业人员配合处理。

3. 传输类故障

随着语音/数据业务的快速发展，网络对传输带宽的要求越来越高，传输类故障主要包括传输设备类故障和 IP 传输类故障。

1）传输设备类故障

（1）光模块不可用。

可能的原因：光模块不在位；光模块发送故障。故障可能定位在对应光口。

具体的处理意见：更换光路两端光模块为同速率同品牌的。

（2）光口接收链路故障。

可能的原因：光口 K 码失步严重；光口误码严重；光口接收无光。故障可能定位在对应光口。

具体的处理意见：确认光路两端收发光功率，确认光路两端光模块为同速率同品牌的。

（3）AAU 光纤时延超限。

可能的原因：在给定的时间提前量 TA 下，测量出的 AAU 光纤时延值超出了规定范围。故障可能定位在 AAU。

具体的处理意见：判断光纤连接是否正确，确认光路两端收发光功率；确认光路两端光模块为同速率同品牌的。

（4）以太网物理连接断开。

可能的原因：配置了以太网连接，并且检测到物理连接断开。故障可能定位在网线和网线相连的设备。

具体的处理意见：确认设备两侧网线连接正常，更换相应网线后观察，更换设备后观察。

2）IP 传输类故障

现网 IP 传输类故障主要包含 SCTP 链路故障、S1/X2 接口故障和用户面故障。这些故障对应的告警，以及在网络中的故障点如图 5-8 所示。

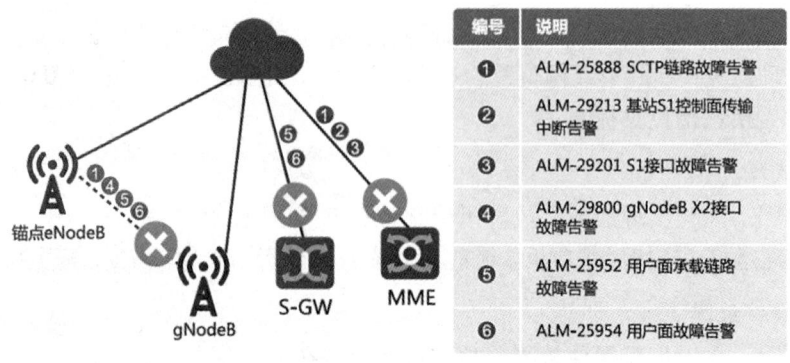

图 5-8　故障告警与网络故障点对应图

（1）SCTP 链路故障告警，基站 S1 控制面传输中断告警。

可能的原因：SCTP 偶联建立不成功，收到对端关闭通知，连续数次向对端发送数据未得到回应。当 gNodeB 对应的 LTE 锚点基站检测到有 SCTP 链路断开时，上报 SCTP 链路故障告警。故障可能定位在主控板。

具体的处理意见：

① 执行 MML 命令 DSP SCTPLINK 获取 SCTP 参数信息，确认传输数据中是否有以太网链路告警、MAC 错帧超限等物理链路故障。

② 执行 MML 命令 UBL SCTPLINK 解闭塞 SCTP 链路。

③ 执行 MML 命令 LST ENODEB FUCTION 查看基站 ID 是否存在，确认无线侧 IP 和对端 SCTP 数据配置是否正确，SCTP 上层链路是否配置。

（2）S1 接口故障告警。

可能的原因：承载 S1 接口的底层 SCTP 链路故障、S1 接口数据配置错误、MME 异常无法建立连接或 S1 接口被闭塞。故障可能定位在主控板。

具体的处理意见：确认传输数据及收发光正常，利用 MML 命令查询 SCTP 的标识，与传输维护人员确认无线侧 IP 和对端 S1 数据配置是否正确。

（3）X2 接口故障告警。

可能的原因：承载 X2 接口的底层 SCTP 链路故障、X2 接口数据配置错误或 LTE 锚点 eNodeB 小区接入异常；没有可用的 NSA 小区，在 X2 接口建链过程中基站没有配置完整的小区或 LTE 锚点 eNodeB 小区接入异常。一条或者多条 X2 接口因为相同原因故障时，只会产生一条此告警。当同一种原因引起故障的 X2 接口全部恢复时，才会解除此告警。故障可能定位在主控板。

具体的处理意见：

① 确认传输数据及收发光正常，利用 MML 命令查询 gNodeB 和 X2 口的接口标识及基站信息；

② 检查 gNodeB 和锚点 eNodeB X2 接口的参数配置是否正确；

③ 检查 X2 接口建立失败的锚点 eNodeB 是否有激活小区或配置小区；

④ 检查 gNodeB 配置的用户面 X2 接口数据是否正确。

4．数据类故障

1）硬件类型和配置不一致

可能的原因：主控板检测到单板/AAU/机柜的实际类型与 OMC 后台配置的类型不一致。

具体的处理意见：根据告警附加文本修改后台数据为对应的设备型号。

2）网元不支持配置的参数

可能的原因：当网元不支持配置的参数时，上报该告警。故障可能定位在对应槽位单板。

具体的处理意见：根据告警附加文本保证前台硬件型号和后台数据一致。

3）以太网端口工作模式不匹配

可能的原因：以太网端口本端与对端工作模式不一致。故障可能定位在主控板。

具体的处理意见：和传输维护人员确认 S1 接口协商模式及协商速率，确保无线数据和传输数据配置一致。

4）操作维护通道配置错误

可能的原因：OMC（操作维护管理）通道异常，需要配置正确的 OMCB 通道数据。故障可能定位在主控板。

具体的处理意见：修改 OMC 通道配置为正确的 OMC 地址。

5）AAU 未配置

可能的原因：BBU 某个光口下，有未配置的 AAU。故障主要定位在 AAU。

具体的处理意见：前台有 AAU 接入，但后台未配置，通过网管维护系统配置相应数据。

6）小区参数配置失败告警

可能的原因：对已建立的小区修改参数失败，参数配置进行回滚，上报此告警。故障主要定位在无线小区。

具体的处理意见：通过告警附加文本确认配置失败参数类别，修改后观察是否恢复。

5．环境类故障

1）输入电压异常

可能的原因：输入电压异常时上报该告警。故障主要定位在对应槽位单板。

具体的处理意见：确保电源模块输入电压在 40~60V。

2）进风口温度异常

可能的原因：进风口温度异常。故障主要定位在对应槽位单板。

具体的处理意见：调节机房整体温度；清理 BBU 风扇及进风口灰尘。

3）设备掉电

可能的原因：设备检测到电源电压低于一定数值。故障主要定位在对应槽位单板。

具体的处理意见：恢复外部供电。

4）温度异常

可能的原因：设备温度超过设定的温度门限。故障可能定位在对应槽位单板。

具体的处理意见：调节机房整体温度；清理 BBU 风扇及进风口灰尘。

5）反向链路 RSSI 高告警

可能的原因：检测到的 RSSI 值高于一级告警功率门限值。故障可能定位在无线小区。

具体的处理意见：后台观察小区干扰类指标；联系优化专业人员确认干扰并通过扫频排查同频干扰问题。

6．小区类故障

了解小区故障之前，先复习几组概念：

CU 小区：小区建立的流程管理，并管理 DU 小区，建立 CU、核心网的管理，通过命令 ADD NRCELL 添加。

DU 小区：管理小区的物理资源，包括基带板资源、扇区等，通过命令 ADD NRDUCELL 添加。

小区扇区设备为小区指定它使用的扇区设备及基带设备。

MML 命令 ADD BASEBANDEQM 用于配置基带设备。其中，一个基带设备可以包含一个基带板，或者包含多个基带板。通过 ADD NRDUCELLTRP 命令关联小区和基带设备，使用 MML 命令 ADD NRDUCELLCOVERAGE 增加 NR DU 小区覆盖区，关联 TRP 与扇区设备。

扇区（Sector）：指一片天线覆盖区，通过命令 ADD SECTOR 添加。每个扇区使用一个或多个无线载频（Radio Carrier）完成无线覆盖。

扇区设备是一个扇区使用的一组天线，通过命令 ADD SECTOREQM 可将扇区和这组天线对应起来。这组天线必须同属于这一扇区。

射频设备是指一组射频处理单元，即 RRU/RFU/pRRU/AAU 等设备。通过命令 ADD RRU 和 ADD RRUCHAIN 添加射频设备，将射频设备与基带板的 CPRI 端口对应起来。

基带设备是指完成小区基带数据处理的一组基带处理单元。通过命令 ADD BRD 添加单板，通过命令 ADD BASEBANDEQM 添加基带设备。

NR 小区包含 CU 小区和 DU 小区，出现问题时，各自的处理方法也不同。表 5-2 列出了 CU 小区故障的主要分类和处理方法，表 5-3 列出了 DU 小区故障的主要分类和处理方法。

表 5-2 CU 小区故障的主要分类和处理方法

序号	故障分类	故障原因	故障处理
1	NRCELL 对应的 NRCELLOP 未配置	使用 DSP NRCELL、DSP NRLOCELL 命令查看小区建立失败的原因	1. 查询 NRCELLOP 配置 2. 添加 NRCELLOP 配置
2	CU/DU 冗余参数不一致	执行 DSP NRCELL 命令，提示上行带宽不一致	按提示修改配置
		执行 DSP NRCELL 命令，提示下行带宽不一致	按提示修改配置
		执行 DSP NRCELL 命令，提示频点不一致	按提示修改配置
		执行 DSP NRCELL 命令，提示双工模式不一致	按提示修改配置
3	DU 小区不可用	1. 执行 DSP NRCELL 命令，提示本地小区不可用。 2. 执行 DSP NRLOCELL 命令，查询不到 NRCELL 配置的 NRLOCELL	参考 DU 小区不可用处理流程
4	小区闭塞	1. 执行 DSP NRCELL 命令，提示小区闭塞 2. 存在 NR 小区闭塞告警	小区解闭塞

表 5-3 DU 小区故障的主要分类和处理方法

序号	故障分类	故障原因	故障处理
1	NRDUCELLTRP 未配置	使用 LST NRDUCELLTRP 命令查看	使用 ADD NRDUCELLTRP 命令添加正确配置
2	NRCELL/NRDUCELL 上行带宽/下行带宽/频带/双工模式配置不一致	执行 DSP NRDUCELL 命令，提示"NRCELL/NRDUCELL 上行带宽配置不一致"	按提示修改配置

续表

序号	故障分类	故障原因	故障处理
3	扇区设备配置错误	1. 执行 DSP NRDUCELL 命令，提示"扇区设备配置错误" 2. 检查 RRU 配置和扇区配置	增加/修改对应配置
	带宽配置错误	执行 DSP NRDUCELL 命令，提示"带宽配置错误"	修改小区带宽
	频点配置错误	1. 执行 DSP NRDUCELL 命令，提示频点配置错误 2. 执行 DSP RXBRANCH、DSP TXBRANCH 命令查询 RRU/AAU 频段范围	修改频点或者更换正确的 RRU/AAU
	功率配置错误	① 执行 DSP NRDUCELL 命令，提示功率配置错误 ② RRU 支持的最大功率可以通过 DSP RXBRANCH 命令得到的"发射通道硬件最大输出功率"来确认	通过 MOD NRDUCELLTRP 命令修改小区最大功率值
	无可用的射频资源	检查本地小区配置和扇区配置	保证每个小区使用独立的扇区设备
		告警台排查是否有 RRU 相关告警	1. 若部分射频通道故障，则降低收发模式配置，或者根据告警提示解决； 2. 若 RRU 设备故障，即全部射频通道故障，则更换 RRU 模块； 3. 若告警提示射频单元与单板能力不匹配，通过 DSP RXBRANCH 命令查询 RRU 型号，如型号不正确，更换适配的 RRU 模块
		执行 DSP NRDUCELL 命令，提示"无可用的射频资源"	1. 尝试恢复手段： ① 复位基带板、RRU；② 复位整站。 2. 联系后台操作维护人员，查看射频上报状态是否可用
4	CPRI 带宽不足	1. 执行 DSP NRDUCELL 命令，提示 CPRI 带宽不足； 2. 执行 DSP CPRILBR 和 DSP CPRIPORT 命令，确认 CPRI 协商的线速率； 3. 查看小区的带宽和收发模式是否满足相应的 CPRI 线速率； 4. 确认协商的 CPRI 线速率是否满足小区所需； 5. 使用 LST RRUCHAIN 命令查询 CPRI 线速率设置是否正确	1. 如果确认是光模块或 RRU 型号不支持，需要更换支持更大线速率的光模块或 RRU； 2. 如果 RRUCHAIN 中的 CPRI 线速率设置不正确，使用 MOD RRUCHAIN 命令修改； 3. 如果光模块和 RRU 都支持更大的线速率，但是协商的不是最优速率，使用 STR CPRILBRNEG 命令手动协商

续表

序号	故障分类	故障原因	故障处理
5	无可用的基带资源	通过 MML 命令 DSP BRD，查看基带板的操作状态是否为"不可操作"	等待 3 分钟，复位基带板，更换基带板
		执行 DSP BRD 命令，查询单板状态，查看管理状态是否为"闭塞"	基带板解闭塞
		执行 DSP NRDUCELL 命令，提示"无可用的基带资源"或"基带单元异常"	1. 尝试恢复手段： ① 去激活、再激活重建小区； ② 复位基带板。 2. 如果没有恢复，请联系后台操作维护人员
6	时钟异常	执行 DSP NRDUCELL 命令，提示"时钟异常"	TDD 小区如果没有配置时间同步，需通过如下命令 SET GNBTDDCLKMODESW: ClkUnavlbCellActvSw=ON；设置 TDD 小区激活不依赖时钟状态。注意：只要 APP 复位，该开关需要重新设置
7	其他原因导致本地小区建立失败	1. 执行 DSP NRDUCELL 命令，提示"其他原因导致本地小区建立失败" 2. 确认是否有设备告警，排除硬件问题	1. 尝试恢复手段： ① 去激活、再激活重建小区； ② 复位基带板。 2. 如果没有恢复，请联系后台操作维护人员
8	SUL 对应的 TDD 小区不存在	执行 DSP NRDUCELL 命令，提示"SUL 对应的 TDD 小区不存在"	添加对应的 TDD 小区
9	闭塞	1. 执行 DSP NRDUCELL 命令，提示"闭塞" 2. 告警台存在 ALM-29842 NR 小区闭塞告警	按需要通过 UBL NRCELL 命令解闭塞小区

思考与练习题 22

扫一扫看思考与练习题 22 答案

案例：新开 5G 站点中，在 60MHz 带宽，8∶2 时隙配比下，小区 2 和小区 3 无法激活。

问题现象：

新开 5G 站点，上报小区不可用，不可用原因是绑定的 NR DU 小区出现故障，此时单板状态都是正常的；

（1）执行 DSP NRDUCELL 命令分析，DU 小区不可用提示的原因是未知错误。

（2）站点配置 3 个小区，其中小区 1 可以激活，小区 2 和小区 3 无法激活。

（3）对比 3 个小区的配置信息，都是 60MHz 小区，时隙配置 8∶2，无差异。

（4）对比 3 个小区的 AAU 型号，都是 5270E，无差异。

问题分析：

通过日志分析，小区 2 和小区 3 建立失败的原因是 eCPRI 前传光口速率不足。

1. 请分析常见的解决问题的方法。
2. 引起传输不可用故障的原因有哪些？

反思 22

通过学习本任务，反思不足的地方：

实训 11　开局综合故障处理

1．实训目的

（1）掌握常见硬件问题的故障处理思路。
（2）掌握前后台建链的处理方法。
（3）掌握 SCTP 问题的处理方法。
（4）掌握小区故障的处理方法。

2．实训内容

综合故障排查。

3．实训要求

熟悉综合故障处理过程，掌握综合故障处理的方法和步骤。

4．实训时间

4 学时。

5．实训条件

真实设备。

6．实训步骤

设定一套故障数据，对其故障进行逐一排查：
（1）排查硬件连接故障；
（2）排查前后台建链故障；
（3）排查 SCTP 故障；
（4）排查小区无法建立故障；
（5）保证硬件连接正确，前后台建链基站和核心网之间能够正常通信，小区信号正常，最终终端业务成功。

7. 实训总结

在 5G 基站故障处理过程中可能出现各种故障，学会按照故障现象、问题分析、故障处理的方法处理问题是一个长期的积累过程，同学们可以多加练习。在故障处理过程中，单板和光模块等硬件设备替换需要严格遵守工程规范，培养学生良好的职业素养。

思考与练习题 23

扫一扫看思考与练习题 23 答案

1. 简述基站故障处理的一般过程。
2. 读一读，想一想：

GPS 故障案例分析

第一次：开通调试时 GPS 无法锁定，10 月 26 日站点完成安装后当天夜里进行开通调试，在基站跟核心网、后台网管维护人员都对接完成后，发现 GPS 信号一直无法锁定（GPS 初次上电从搜星到锁定需要 15 分钟左右）；

现场人员按照以下步骤进行了排查：

（1）确认 GPS 的安装位置非常空旷，周围无任何遮挡；

（2）检查并重新连接 GPS 系统的各接头；

（3）重新制作 GPS 馈线接头；

（4）更换 GPS 馈线并再次检查接头连接情况；

（5）更换 GPS 天线；

（6）更换 BBU 上的主控单板（内置 GNSS 接收机）。

上述步骤完成后依旧没有解决 GNSS 接收机搜星不足问题。此时现场人员怀疑 BBU 机框存在问题，并立即安排更换。

现场人员更换机框并上电后，单板上的 GPS 指示灯开始正常闪烁；后台网管 GNSS 接收机搜星不足的告警解除；此时查询 GNSS 信息，GPS 锁定成功。

问题机框分析：问题机框返回厂家进行复现和分析。经过再次验证：该问题机框搜星正常，可以锁定 10 颗卫星。

第二次：GPS 锁星一周后，又出现搜星不足问题。

从 11 月 5 日 18:06 到 11 月 6 日 8:12 连续出现 4 次 GPS 搜星不足告警，最长的一次为 5 日 20:23 至 6 日 02:33，持续了 6 小时 10 分钟。通过日志分析：该站搜星数量变化很大，推测该站点位置的卫星信号可能受到外界干扰，但是干扰不是一直存在的。

分析人员紧急协调扫频仪到站点，在基站周边进行 GPS 信号（中心频点：1575.4GHz，带宽范围：40MHz）频段扫频，扫频结果如下：通过扫频发现在 GPS 的带宽范围（1575.4GHz±5MHz）内，存在较强的干扰信号，请查阅资料，给出合理的解决方法。

反思 23

通过学习本任务，反思不足的地方：

项目 6

5G 基站系统日常维护

项目内容：5G 基站正常工作后，需要对其进行维护，保证其正常工作。5G 基站维护主要包括日常维护管理和例行维护。对本项目的学习，可使读者具备 5G 基站维护的基本技能。

📖 知识目标

掌握 5G 基站日常维护管理。
掌握 5G 基站例行维护。

📖 能力目标

能独立进行 5G 基站日常维护管理的基本操作。
能独立进行 5G 基站例行维护的基本操作。

📖 素质目标

锻炼学生的实际操作能力、对比分析能力、发现问题和解决问题的能力。

5G基站运行与维护

思维导图

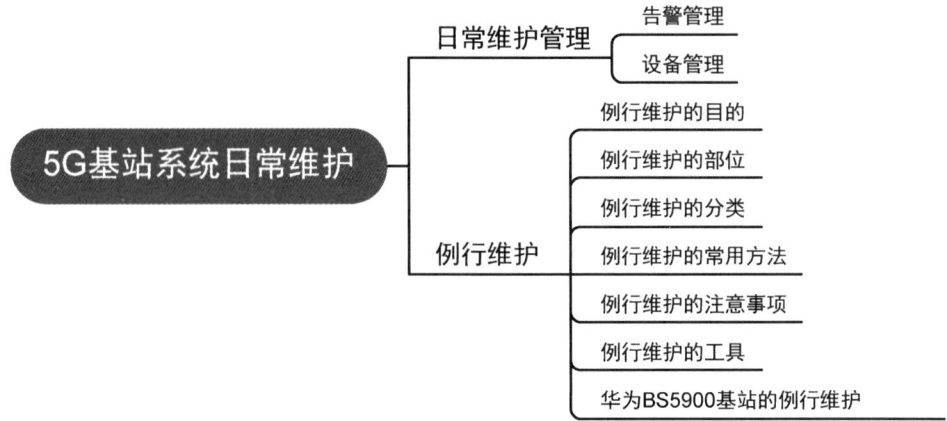

寄语读者

日常维护是一种主动的维护方式，又称为预防维护或周期性维护，是在设备处于正常状态时进行的周期性的维护工作。其目的是保证设备处于最佳运行状态，满足业务运行的需求。例行维护的周期有日、周、月和年。日常维护工作艰辛但重要，是保障千家万户通信畅通的必要工作。

任务 6.1 日常维护管理

本任务介绍 5G 基站的日常维护管理操作，重点介绍两个：一是熟练使用告警管理的常用功能；二是熟练使用设备管理功能。

扫一扫看教学课件：5G 基站日常操作与维护

6.1.1 告警管理

扫一扫看微课视频：告警管理

告警管理实现对告警数据的实时采集和集中监控，有助于操作维护人员快速地发现网络问题和定位故障。基站系统能够记录设备运行中出现的错误信息和重要的运行参数。错误信息和重要的运行参数主要记录在基站网管服务器的日志记录文件（包括操作日志和系统日志）和告警数据库中。告警管理的主要作用是检测基站系统、网管服务器节点和数据库及外部电源的运行状态，收集运行中产生的故障信息和异常情况，并将这些信息以文字、图形、声音、灯光等形式显示出来，以便操作维护人员能及时了解，并做出相应处理，从而保证基站系统正常可靠地运行。同时告警管理部分还将告警信息记录在数据库中以备日后查阅分析。

1）告警

告警指系统检测到故障的通知。告警会指出导致系统故障的物理或逻辑因素，如硬盘故障、单板故障等。告警可以确认和清除。告警级别按严重程度可分为 4 级。

（1）紧急：此类告警造成整个系统无法运行或无法提供业务，需要立即采取措施恢复和消除。

（2）重要：此类告警造成系统运行受到重大影响或者系统提供服务的能力严重下降，需要尽快采取措施恢复和消除。

（3）次要：此类告警对系统正常运行和系统提供服务的能力造成不严重的影响，需要及时采取措施恢复和消除，以避免产生更加严重的告警。

（4）提示：此类告警对系统正常运行和系统提供服务的能力造成潜在的或者趋势性的影响，需要适时进行诊断并采取措施恢复和消除，以避免产生更加严重的告警。

2）告警主窗口

在告警主窗口可浏览当前告警，设置当前告警的过滤条件，如图 6-1 所示，以浏览需要关注和处理的告警；设置查询告警日志的条件，然后在日志库里查询各个告警的日志。

图 6-1　设置告警过滤条件

如图 6-2 所示，执行 MML 命令 LST ALMAF，查询活动告警。

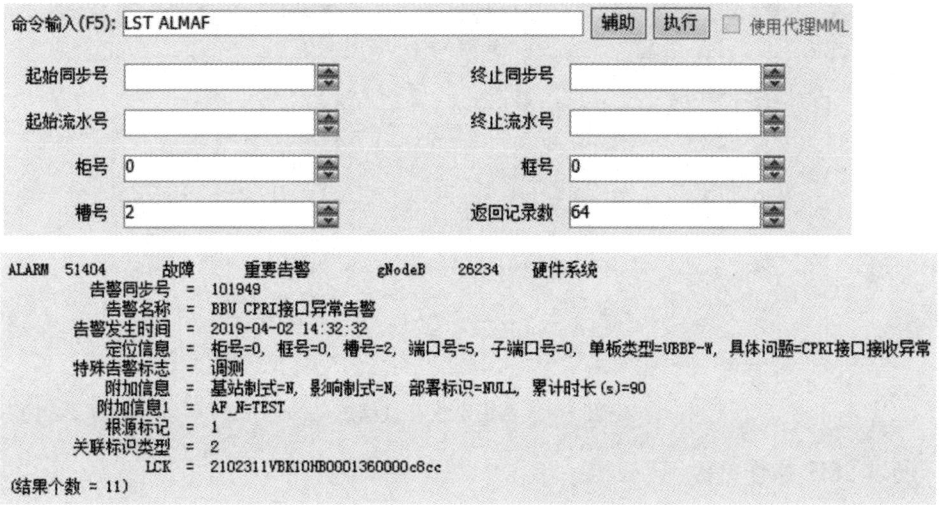

图 6-2　执行 LST ALMAF 命令

6.1.2 设备管理

设备管理是通过在 U2020 查看单板可用性、单板的标签或通过 LMT 闭塞/解闭塞单板，获取单板的状态、单板的信息等。

1. 在 U2020 上查询单板的标签

如图 6-3 所示，打开"设备面板"窗口。在"设备面板"窗口，右击一个单板，选择"查询单板存量信息"选项，如图 6-4 所示。

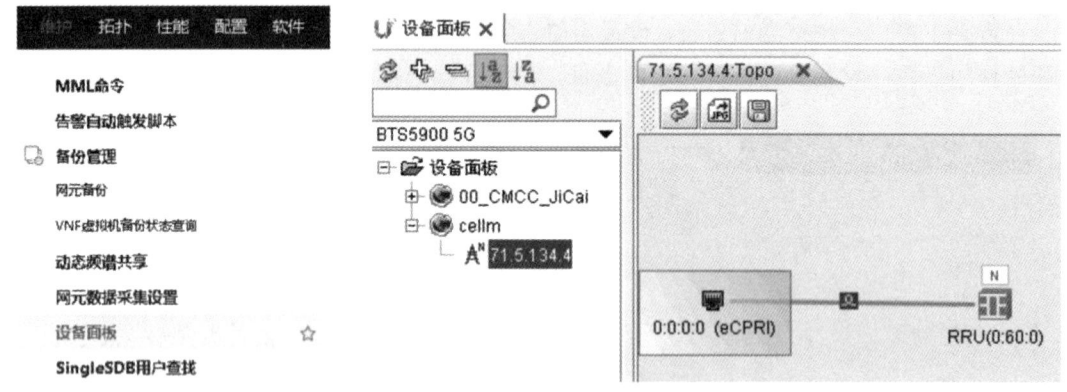

图 6-3 "设备面板"窗口

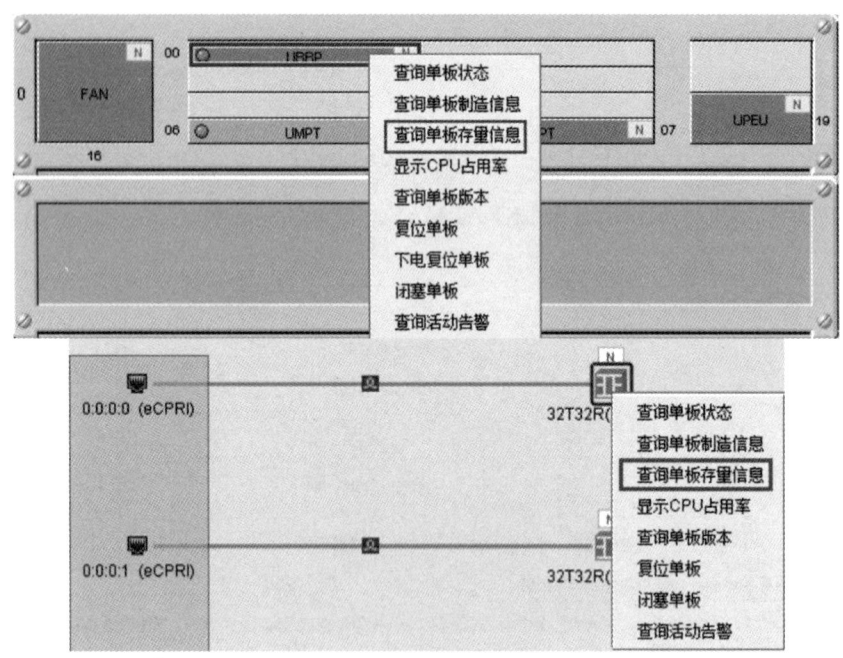

图 6-4 查询单板存量信息

2. 通过 LMT 操作单板

1）闭塞/解闭塞单板

如图 6-5 所示，可以通过 LMT 的图形用户界面和 MML 命令两种方式闭塞/解闭塞单板。

项目6 5G基站系统日常维护

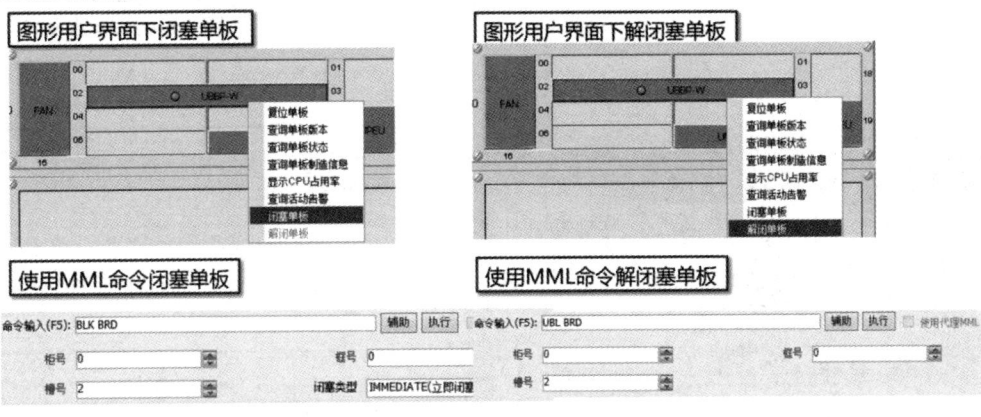

图6-5 通过图形用户界面和MML命令闭塞/解闭塞单板

2）复位单板

如图6-6所示，可通过图形用户界面和MML命令两种方式复位单板。

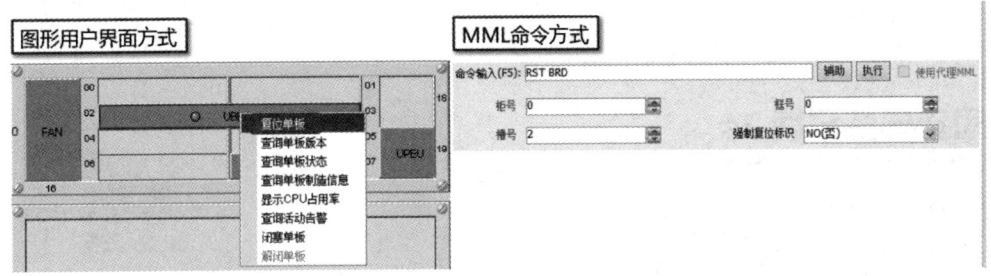

图6-6 通过图形用户界面和MML命令复位单板

注意：用主控板复位会导致基站复位。UPEU/USCU/FAN不能复位。

3）查询单板状态

如图6-7所示，可利用图形用户界面和MML命令两种方式查询单板的状态。

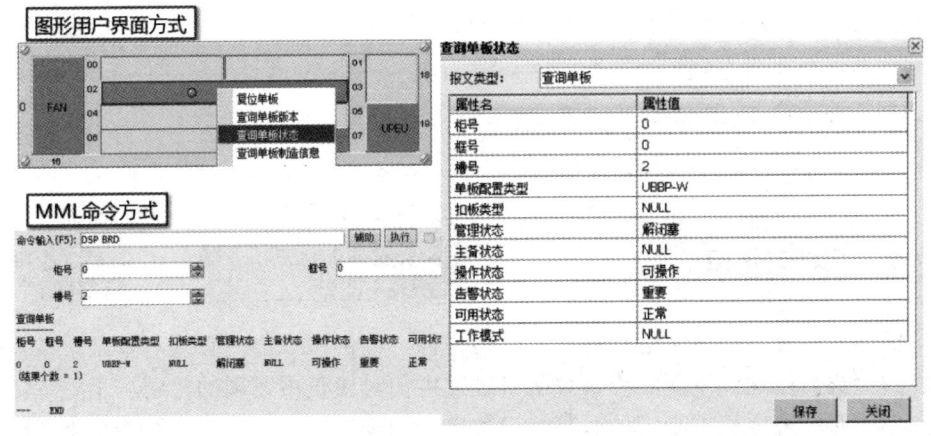

图6-7 通过图形用户界面和MML命令查询单板状态

4）查询单板信息

通过图形用户界面查询单板版本、制造信息及CPU占用率，如图6-8所示。

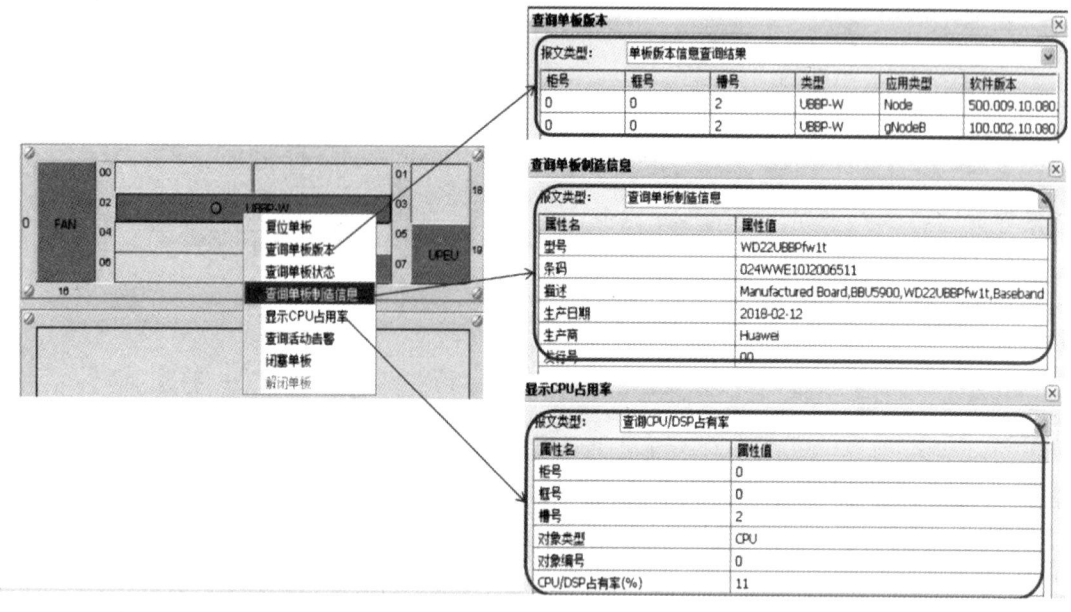

图 6-8 查询单板信息

思考与练习题 24

1. 告警分为哪几类？
2. 哪些单板不能复位？

扫一扫看思考与练习题 24 答案

反思 24

通过学习本任务，反思不足的地方：

任务 6.2 例行维护

扫一扫看微课视频：操作维护

扫一扫学课程思政：抢险救灾

为了保证基站设备的正常运行并提升网络指标，维护保障部门必须对基站设备运行情况做周期性的检查，以达到发现隐患、预防事故发生和对检查中发现的问题尽早处理的目的。维护保障部门必须遵守局方制定的对基站设备单元的维护规范，建立基站例行维护档案，并将基站的有关故障处理报告、巡检报告上交局方。学习本节内容，将使读者具备 5G 基站例行维护的技能。

6.2.1 例行维护的目的

例行维护是一种主动的维护方式，是在设备处于正常状态时进行的日常周期性维护，主要是对设备运行情况做周期性检查，并对检查中发现的问题及时进行处理，以达到发现隐患、预防事故发生和及时发现故障尽早处理的目的。例行维护是通过定期对设备进行检查，从而防止重大故障/大规模故障发生和故障隐患出现的有效方法。

6.2.2 例行维护的部位

5G 基站的例行维护，一般需要维护和检查设备安装部位、设备外表、线缆连接、单板、设备表面温湿度、接地点等。

需要重点检查以下内容：

（1）安装件是否牢靠；
（2）设备安装点螺钉是否紧固；
（3）设备表面是否有锈蚀、损伤，是否有异物附着；
（4）线缆连接是否紧固、线缆外表是否有破损；
（5）通过指示灯状态检查设备运行是否正常；
（6）设备表面温湿度是否超出范围；
（7）设备接地点连接是否紧固。

6.2.3 例行维护的分类

根据维护周期，例行维护分为日例行维护、周例行维护、月例行维护、年度例行维护，如表 6-1 所示。

表 6-1 例行维护分类表

例行维护的类别	例行维护项目
日例行维护	查询当前告警
	查询 24 小时的历史告警
	查询重要性能指标
	查询 24 小时的历史通知
	处理客户投诉
周例行维护	备份配置数据
	健康度查询
	实时统计告警
	查询一周的历史告警
	查询一周的重要性能指标
月例行维护	检查软件版本
	检查电源系统
	检查硬件线缆
	核实工程参数
	检查备板备件
	清理防尘网
	检查机房环境

5G 基站运行与维护

续表

例行维护的类别	例行维护项目
年度例行维护	核查安全隐患
	检查消防设备
	蓄电池放电测试
	建筑防雷检查
	清洁设备

6.2.4 例行维护的常用方法

本节主要介绍例行维护中常用的维护方法，在实际的设备维护过程中，往往需要结合各种方法，所以要熟练掌握各种方法，达到熟能生巧的程度。

1. 故障现象分析

根据故障现象分析故障是每个维护人员必备的技能。一般说来，无线网络设备包含多个设备实体，各设备实体出现问题或故障表现出来的现象是不同的。维护人员要学会根据现象去发现问题、解决问题。在出现突发性故障时，这一点尤其重要。只有经过仔细的故障现象分析，准确定位故障的设备实体，才能避免对运行正常的设备实体进行错误操作，缩短解除故障的时间。

2. 告警和日志分析

通过日志管理系统，用户可以查看操作日志、系统日志，并且可以按照用户的过滤条件过滤日志，按照先进先出或先进后出的顺序显示日志，使得用户可以方便地查看有用的日志信息。通过分析告警和日志，可以找到产生故障的根源，同时发现系统的隐患。

3. 信令跟踪分析

信令跟踪工具是系统提供的有效分析、定位故障的工具。利用信令跟踪工具，可以很容易知道信令流程是否正确，信令流程各消息是否正确，消息中的各参数是否正确，通过分析就可查明产生故障的根源。

4. 仪器仪表测试分析

仪器仪表可用来测量系统运行指标及环境指标。仪器仪表测试分析是常见的查找故障的方法，维护人员需学会将测量结果与正常情况下的指标进行比较，分析产生差异的原因，进而解决问题。

5. 对比互换

此方法简单实用，维护人员用正常的部件更换可能有问题的部件，如果更换后问题解决，即可定位故障。另外，维护人员还可以比较相同部件的状态、参数及日志文件、配置参数，检查是否有不一致的地方，可以在安全的时间里进行修改测试，分析问题所在，解除故障。

注意：此方法要尽量避开业务高峰时间段和节假日，在安全的时间里进行操作，建议在非节假日 00:00~04:00 之间进行操作。

6.2.5 例行维护的注意事项

在设备日常维护中,有一些需要注意的事项。

(1)注意保持机房的环境,尤其是温湿度正常,环境清洁干净,防尘防潮,防止鼠虫进入机房。

(2)注意查看系统一次电源,保证其稳定可靠,定期检查系统接地和防雷的情况。在雷雨季节来临前和雷雨过后应检查防雷系统,确保设施完好。

(3)注意规范维护人员的日常工作,建立完善的机房维护制度。要求有详细的值班日志,对系统的日常运行情况、版本情况、数据变更情况、升级情况、问题处理情况等做好详细的记录,便于出现问题后进行分析和处理。尤其是交接班记录要做好,以做到责任分明。

(4)注意操作维护计算机要专用,不允许随便使用外来磁盘和光盘,不允许安装和运行无关的软件。每台客户端都要安装防病毒软件,不允许关闭实时检测功能,病毒库应定时更新。系统管理只允许一个人有超级管理员权限,其他相关人员根据其工作需要分配相应的权限,保证数据更改的安全性。网管口令应该按级设置,严格管理,定期更改,并只向维护人员发放。

(5)对维护人员应该进行上岗前的培训,使其了解设备和相关网络知识。接触设备硬件前应佩戴防静电手环,避免因人为因素而造成事故。维护人员应该有严谨的工作态度和较高的维护水平,并通过不断学习提高维护技能。

(6)注意不要随意插拔、复位、倒换单板,不要随意改动数据,尤其不能随意改动网管数据库数据。改动数据前要做数据备份,改动数据时要及时做好记录,修改数据后应在一定的时间内(一般为一周)确认设备运行正常,才能删除备份数据。即使没有更改数据,数据库也应定期备份,以备不时之需。各种数据库,特别是性能测量和告警数据库要定期检查自动转储是否正常进行,防止出现磁盘溢出的错误。

(7)机房应具备常用的工具和仪表,如螺丝刀(一字、十字)、信令仪、网线钳、万用表、维护用交流电源、电话线、网线、防静电手环、绝缘胶布和常用工具箱等。工作人员定期对仪表进行检测,确保仪表的准确性。

(8)定期检查备品备件,保证常用备品备件的库存和完好性,防止受潮霉变等情况的发生。备品备件与维护过程中更换下来的坏品坏件分开保存,要做好标记以便区别。常用的备品备件在用完时要及时补充。

(9)维护过程中可能用到的软件和资料应在指定位置就近存放,以便在需要使用时能及时获得。

(10)机房照明应达到维护的要求,平时灯具损坏应及时修复,不要有照明死角,以免给维护带来不便。

(11)发现故障应及时处理,无法处理的问题应及时与设备生产商当地办事处联系。

(12)将生产商当地办事处的联络方式放在醒目的地方并周知所有维护人员,以便在需要支持时能及时联络,并时常更新最新的联络方式。

6.2.6 例行维护的工具

在例行维护中,通常需要用到的维护工具及用途如表6-2所示。

表 6-2　维护工具及用途

工具名称	规格	用途
十字螺丝刀	M6	紧固接地线缆
活动扳手	M10	紧固抱杆夹
内六角扳手	M6	紧固抱杆固定架、扩展固定夹、支座
液压钳	—	压接线缆端口
剥线钳	—	裁剪线缆外皮
斜口钳	—	拆除波纹管及扎带
温湿度计	—	量取设备表面温度和湿度
地阻仪	—	测量接地电阻
万用表	—	测量供电电压

思考与练习题 25

扫一扫看思考与练习题 25 答案

1．5G 基站的例行维护中，需要准备的工具有哪些？它们分别有什么作用？
2．请列出不少于三种 5G 基站常用的维护方法。
3．在 5G 基站的维护过程中，有哪些需要注意的事项？

反思 25

通过学习本任务，反思不足的地方：

_____
_____
_____
_____

实训 12　华为 BS5900 基站的例行维护

1．实训目的

（1）掌握例行维护的方法。
（2）掌握例行维护的工具。
（3）掌握例行维护的注意事项。
（4）掌握例行维护的工作内容。

2．实训内容

BS5900 基站的例行维护。

3．实训要求

掌握例行维护的主要内容和注意事项。

4．实训时间

2 学时。

5. 实训条件

华为 BS5900 基站。

6. 实训步骤

1）设备检查

检查 BS5900 机框安装是否符合安装规范。单板插板正常，面板不缺少。单板插板符合插板规范，所有单板运行状态正常，指示灯正常无告警。检查单板指示灯显示是否正常，如果存在异常，请联系网管工作人员，根据相应的告警建议进行处理。如果单板存在硬件故障，请更换相应的单板。

2）线缆检查

线缆布放完整、美观、标准，接口正确，标签清晰无破损。内部线缆布放美观、合理，标签清晰无破损。检查基站侧的光纤接头插接是否牢固，RRU 侧的光纤接头插接是否牢固，指示灯是否正常。检查 gNodeB 侧连接网管和核心网的网线接头是否牢固，指示灯是否正常。

3）风扇检查

查看风扇的指示灯是否正常，仔细听风扇的运转声音是否正常，是否有杂音和不规则的声响，抽出风扇检查是否正常。

4）监控系统维护

监控线缆布放标准，标签清晰，监控系统工作正常。干节点测试正常，正确上报告警，正确监控室外防雷箱电源、防雷告警。风扇监控、环境监控正常，传感器测试正常，能正常检测环境温度和设备问题，监控风扇运行情况。

5）外围设备维护

外围电源设备是否正常无告警。电源柜侧各-48V 电源接头、-48V GND 电源接头连接是否牢固，电池组是否正常，接线是否牢固，接地排侧的 PE 保护地线的接头连接是否牢固，交流配电屏各接头是否牢固，接地线是否牢固。外围传输设备是否正常无告警，传输主设备接地良好。其他设备正常无告警，接地正常，线缆布放连接正常。

6）填写 BBU 和 AAU 维护记录表

BBU 需要进行周维护和月维护，维护完后需要正确填写维护记录表并反馈给相关方，周维护和月维护的记录表分别如表 6-3 和表 6-4 所示。

表 6-3　BBU 周维护记录表

基本信息	维护时间： 年 月 日 时 分		
	站点编号：		经度：
	详细位置：		纬度：
	维护人员：		
维护项目	检查标准		结果记录
检查设备外表	• 设备外表光洁，表面无破损 • 设备外表无氧化，无异物附着		
检查线缆连接	• 电源线缆、GPS 射频线缆、光纤和接地线缆的防护管套接无破损，无松动，无裂纹		

续表

检查线缆连接	• GPS 射频线缆、光纤和接地线缆接口连接紧固，接口处防水部位无破裂 • 线缆无破损，无断裂	
检查设备连接点	• BBU 机框、直流电源分配模块安装点螺钉紧固 • 设备安装点螺钉紧固 • 设备周围安装空间内无异物填塞	
检查单板	• 单板工作是否正常	

表 6-4 BBU 月维护记录表

基本信息	维护时间： 年 月 日 时 分	
	站点编号：	经度：
	详细位置：	纬度：
	维护人员：	
维护项目	检查标准	结果记录
检查温湿度	• 温度：-20～55℃ • 相对湿度：5%～95%	
检查接地	• 设备接地点连接牢固可靠，无氧化腐蚀 • 保护地排一侧连接牢固可靠，无氧化腐蚀	
检查外部供电	• 外部供电电压在-57～-40V DC 范围内	

AAU 只需要进行季度维护，维护完后需要正确填写维护记录表并反馈给相关方，维护记录表如表 6-5 所示。

表 6-5 AAU 季度维护记录表

基本信息	维护时间： 年 月 日 时 分	维护人员：
	设备名称：	经度：
	站点名称：	纬度：
	站点位置：	
维护项目	检查标准	结果记录
检查设备外表	• 设备外表光洁，表面无破损 • 设备外表无氧化，无异物附着	
检查线缆连接	•电源线缆和信号线缆防护管套接无破损，无松动，无裂纹 • 信号线缆和接地线缆接口连接紧固，接口处防水部位无破裂 • 线缆无破损，无断裂	
检查设备连接点	• 设备抱杆件固定点螺钉紧固 • 设备刻度盘螺栓紧固	
检查温湿度	• 温度：-40～55℃ • 相对湿度：4%～100%	
检查接地	• 设备接地点连接牢固可靠，无氧化腐蚀 • 保护地排一侧连接牢固可靠，无氧化腐蚀	
检查外部供电	• 直流：外部供电电压在正常范围内 • 交流：设备电压在正常范围内	

7. 实训总结

在 5G 基站例行维护过程中的操作和记录,都需要严格遵守工程规范,培养学生良好的职业素养。

思考与练习题 26

扫一扫看思考与练习题 26 答案

1. 例行维护的意义是什么?
2. 请列出 BBU 例行维护的重点部位。

反思 26

通过学习本任务,反思不足的地方:

_____
_____
_____
_____
_____

附录 A 缩略词

英文缩写	英文全拼	中文全称
3GPP	3rd Generation Partnership Project	第三代合作伙伴计划
5GC	5G Core Network	5G 核心网
5G NR	5G New Radio	5G 新空口
5G-AN	5G Access Network	5G 接入网
5G-RAN	5G Radio Access Network	5G 无线接入网
5QI	5G QoS Identifier	5G 业务质量标识
AA	Antenna Array	天线阵列
AAS	Active Antenna System	有源天线系统
ACK	Acknowledgement	确认
ACLR	Adjacent Channel Leakage Ratio	邻道泄漏比
ACS	Adjacent Channel Selectivity	邻道选择比
A-CSI	Aperiodic Channel State Information	非周期信道状态信息
AF	Application Function	应用功能
AI	Artificial Intelligence	人工智能
AL	Aggregation Level	聚合等级
AR	Advanced Reality	增强现实
AMC	Adaptive Modulation and Coding	自适应调制解码
AMF	Access and Mobility Management Function	接入与移动管理功能
ANR	Automatic Neighbour Relation	自动邻区关系
ARP	Allocation and Retention Priority	分配和保留优先级
AS	Access Stratum	接入层
AUSF	Authentication Server Function	认证服务器功能（负责鉴权认证）
AWGN	Additive White Gaussian Noise	加性高斯白噪声
BCCH	Broadcast Control Channel	广播控制信道
BBU	Baseband Unit	指基站系统中负责处理基带信号的单元
BCH	Broadcast Channel	广播信道
BER	Bit Error Ratio	误比特率
BF	Beamforming	波束赋形
BM	Beam Management	波束管理
BPSK	Binary Phase-shift Keying	二进制相移键控
BS	Base Station	基站
BSR	Buffer Status Report	缓存状态报告
BW	BandWidth	带宽
BWP	BandWidth Part	部分带宽
CA	Carrier Aggregation	载波聚合
CB	Code Block	码块

续表

英文缩写	英文全拼	中文全称
CA	Carrier Aggregation	载波聚合
CB	Code Block	码块
CBC	Cell Broadcast Centre	小区广播中心
CBG	Code Block Group	码块组
CBRA	Competition Based Random Access	竞争随机接入
CBW	Channel Bandwidth	信道带宽
CCE	Control Channel Element	控制信道单元
CDM	Code Division Multiplexing	码分复用
CD-SSB	Cell Defining SSB	小区定义 SSB
CE	Control Element	控制单元
CFRA	Competition Free Random Access	非竞争随机接入
CGI	Cell Global Identifier	全球小区标识
CN	Core Network	核心网
CoMP	Coordinated Multiple Points	协作多点
CORESET	Control Resource SET	控制资源集合
CP	Control Plane	控制平面
CP	Cyclic Prefix	循环前缀
CP-OFDM	Cyclic Prefix OFDM	循环前缀 OFDM
CQI	Channel Quality Indicator	信道质量指示
C-RAN	Centralized/Cloud-Radio Access Network	集中式/云化无线接入网
CRB	Common Resource Block	公共资源块
CRC	Cyclic Redundancy Check	循环冗余校验
CRI	CSI-RS Resource Indicator	CSI-RS 资源指示
C-RNTI	Cell-Radio Network Temporary Identifier	小区无线网络临时标识
CRS	Cell-specific Reference Signal	小区公共参考信号
CS	Cyclic Shift	循环移位
CSI	Channel State Information	信道状态信息
CSI-RS	Channel State Information-Reference Signal	信道状态信息参考信号
CSS	Common Search Space	公共搜索空间
CU	Centralized Unit	集中单元
CUPS	Control and User Plane Split	控制面和用户面分离
DC	Dual Connectivity	双连接
DCI	Downlink Control Information	下行控制信息
DFT	Discrete Fourier Transform	离散傅里叶变换
DFT-s-OFDM	Discrete Fourier Transform-Spread-Orthogonal Frequency Division Multiplexing	基于离散傅里叶变换的扩频正交频分复用
DL	DownLink	下行链路
DL Grant	DownLink Grant	下行调度许可
DM-RS	DeModulation-Reference Signal	解调参考信号
DN	Data Network	数据网络
D-RAN	Distributed Radio Access Network	分布式无线接入网

续表

英文缩写	英文全拼	中文全称
DSS	Dynamic Spectrum Sharing	动态频谱共享
DTX	Discontinuous Transmission	不连续发送
DU	Distributed Unit	分布式单元
EN-DC	E-UTRA-NR Dual Connectivity	LTE 和 NR 的双连接
eCPRI	enhanced Common Public Radio Interface	增强型通用公共无线电接口
Edge Cloud	Edge Cloud	边缘云
eICIC	enhanced Intel-Cell Interference Coordination	增强型小区间干扰协调技术
eMBB	enhanced Mobile Broadband	增强型移动宽带
EPC	Evolved Packet Core Network	演进型分组核心网
ETWS	Earthquake&Tsunami Warning System	地震和海啸预警系统
E-UTRAN	Evolved UTRAN	演进的 UTRAN
FIAP	F1 Application Protocol	F1 接口应用协议
FDD	Frequency Division Duplex	频分双工
FDM	Frequency Division Multiplexing	频分复用
FR	Frequency Range	频率范围
GTP	GPRS Tunnelling Protocol	GPRS 隧道协议
gNodeB	next generation Node B	5G 基站
HARQ	Hybrid Automatic Repeat request-ACKnowledgement	混合自动重传请求确认
HFN	Hyper Frame Number	超帧号
HO	Handover	切换
ICI	Inter-Carrier Interference	载波间干扰
IFFT	Inverse Fast Fourier Transform	快速傅里叶逆变换
IMT-2020	International Mobile Telecommunication-2020	国际移动通信-2020
ITU	International Telecommunication Union	国际电信联盟
LI	Layer Indicator	层指示
LTE	Long-Term Evolution	长期演进
MAC	Medium Access Control	媒体接入控制
MBSFN	Multimedia Broadcast multicast service Single Frequency Network	多媒体广播多播服务单频网络
MEC	Multi-Access Edge Computing	多接入边缘计算
MIB	Master Information Block	主信息块
MIMO	Multiple Input Multiple Output	多输入多输出
mMTC	massive MTC	大规模机器间通信
MU-MIMO	Multi-User MIMO	多用户 MIMO
NAS	Non-Access Stratum	非接入层
NEF	Network Exposure Function	网络开放功能
NCGI	NR Cell Global Identifier	NR 小区全球标识
NFV	Network Function Virtualization	网络功能虚拟化
NGAP	NG Application Protocol	NG 接口应用协议
NGC	Next Generation Core Network	下一代核心网
NR	New Ratio	新空口
NRF	Network Repository Function	网络存储库功能

附录 A 缩略词

续表

英文缩写	英文全拼	中文全称
NSA	5G Non-Standalone Architecture	5G 非独立架构
NSSF	Network Slice Selection Function	网络切片选择功能
OFDM	Orthogonal Frequency Division Multiplexing	正交频分复用
OFDMA	Orthogonal Frequency Division Multiple Access	正交频分多址接入
OSI	Other System Information	其他系统信息
PBCH	Physical Broadcast Channel	物理广播信道
PCF	Policy Control Function	策略控制功能
PCI	Physical Cell Identity	物理小区标识
PDCCH	Physical Downlink Control Channel	物理下行控制信道
PDCP	Packet Data Convergence Protocol	分组数据汇聚协议
PDSCH	Physical Downlink Shared Channel	物理下行共享信道
PDU	Protocol Data Unit	协议数据单元
PLMN	Public Land Mobile Network	公共陆地移动网络
PMI	Precoding Matrix Indicator	预编码矩阵标识
PN	Phase Noise	相位噪声
PN	Pseudo-random Noise	伪随机噪声
PRACH	Physical Random Access Channel	物理随机接入信道
PRB	Physical Resource Block	物理资源块
PSS	Primary Synchronisation Signal	主同步信号
PT-RS	Phase Tracking Reference Signal	相位跟踪参考信号
PUCCH	Physical Uplink Control Channel	物理上行控制信道
PWS	Public Warning System	公共告警系统
QAM	Quadrature Amplitude Modulation	正交幅度调制
QoE	Quality of Experience	体验质量
QoS	Quality of Service	服务质量
RAN	Radio Access Network	无线接入网
RU	Radio Unit	无线单元
RB	Resource Block	资源块
RRM	Radio Resource Management	无线电资源管理
RS	Reference Signal	参考信号
SA	5G Standalone Architecture	5G 独立组网架构
SBA	Service-based Architecture	基于服务的架构
SDAP	Service Data Adaptation Protocol	业务数据适配协议
SCTP	Steam Control Transmission Protocol	流控制传输协议
SDMA	Spatial Division Multiple Access	空分多址
SDN	Software Defined Network	软件定义网络
SFI	Slot Format Indicator	时隙格式指示
SFN	System Frame Number	系统帧号
SGW	Serving GateWay	服务网关
SI	System Information	系统信息
SIB	System Information Block	系统信息块

续表

英文缩写	英文全拼	中文全称
SIB1	System Information Block Type 1	系统信息块1
SISO	Single Input Single Output	单输入单输出
SMF	Session Management Function	会话管理功能
SNR	Signal-to-Noise Ratio	信噪比
SR	Scheduling Request	调度请求
SR	Segment Routing	分段路由
SRB	Signalling Radio Bearer	信令无线承载
SRS	Sounding Reference Symbol	探测参考信号
SS	Synchronization Signal	同步信号
SS	Search Space	搜索空间
SSB	Synchronization Signal/PBCH Block	同步块
SSS	Secondary Synchronization Signal	辅同步信号
SUL	Supplementary Uplink carrier	辅助上行载波
SU-MIMO	Single-User MIMO	单用户 MIMO
TA	Tracking Area	跟踪区域
TPC	Transmit Power Control	发射功率控制
UDM	Unified Data Management	统一数据管理
uRLLC	Ultra-Reliable&Low Latency Communications	超可靠低时延通信
UPF	User Plane Function	用户面功能

附录 B　实验室设备连接图

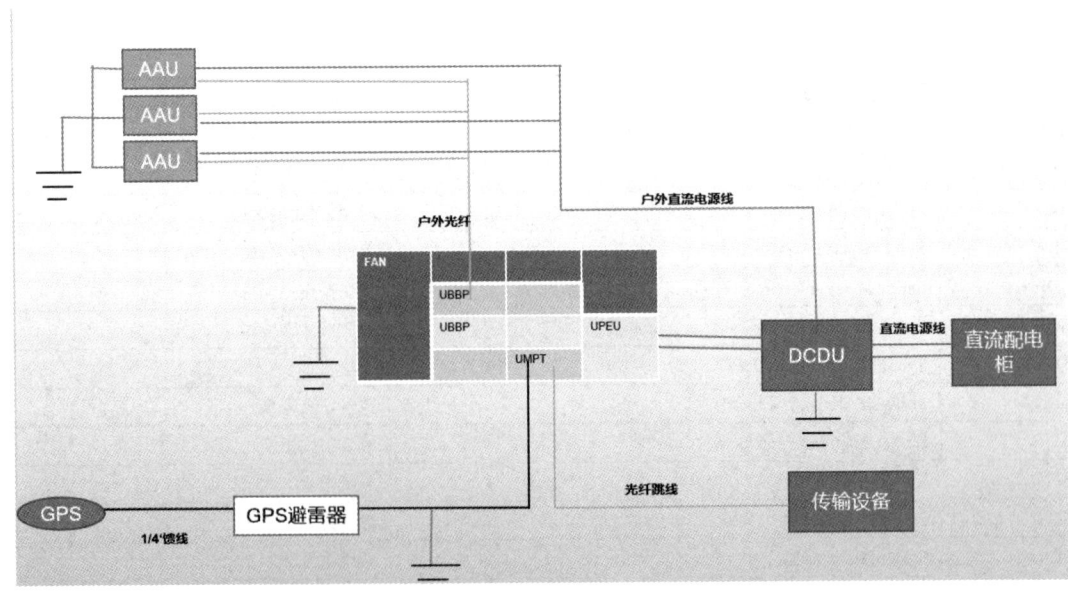

附录 C 网络规划参数

1. 基站数据规划

序号	gNodeB 名称	gNodeB ID	OM IP	掩码	OM 网关	OM VLAN	S1 接口	掩码	S1 网关	备注
1	重庆电子职业学院	9003	185.3.18.2	255.255.255.0	185.3.18.1	—	185.3.18.2	255.255.255.0	185.3.18.1	
			基站端口号	AMF 端口号	AMF IP 地址	UPF IP 地址				
2			2910	38412	200.200.200.21 200.200.200.22	200.200.200.5				
			国家码	MCC	MNC	TAC				
3			86	262	3	1				

2. 基站参数

序号	gNodeB ID	小区名称	RRU 编号	Locell ID	NR 小区 ID	PCI	频带	频点	TAC	根序列 Idx	子帧配比	SSB
1	9003	NR_1	61	1	1	156	N78	636666	1	0	SS102	7880
2		NR_2	62	2	2	157	N78	636666	1	8	SS102	7880
3		NR_3	63	3	3	158	N78	636666	1	16	SS102	7880

3. 设备维护密码

设备名称	登录方式	登录地址	用户名	密码
BBU5900		192.168.0.49	admin	hwbs20@com

参考文献

[1] 黄劲安，区奕宁，董力，等.5G空口设计与实践进阶.[M]. 北京：人民邮电出版社，2019.
[2] 郭铭，文志成，刘向东.5G空口特性与关键技术[M]. 北京：人民邮电出版社，2019.
[3] 田敏，刘良华.5G基站建设与维护[M]. 北京：北京理工大学出版社，2020.
[4] 刘良华，代才莉. 移动通信技术[M]. 3版. 北京：科学出版社，2021.